一看就会

生活食尚编委会◎编

大众菜

℃ 吉林科学技术出版社

U0321068

A / 国内顶级营养大师、烹饪大师，从上万道菜肴中精选出的美味菜品。

B / 手机扫描菜品所属二维码，即可观赏到超详解视频。

一看就会大众菜

XO酱豆腐煲 DVD Ⓐ

▶ ━━━━━━ TIME / 25分钟 ◀▐▌▌

48

D / 全立体分解步骤图更直观地与您分享菜品制作过程之美。

E / 每道菜都有准确的口味标注，让您第一时间寻找到自己所爱。

C/ 直观易懂的制作步骤，
图文并茂地阐述菜品的
详细制作过程。

Part 1 养肝为先春季菜

-原 料——

北豆腐1块／猪肉末、洋葱各100克／红尖
椒、芹菜、水发木耳各50克／虾米15克／蒜
蓉5克／精盐1、味精、白糖各1小匙／辣酱2
大匙／蚝油、料酒、水淀粉、植物油各适量

-制 作——

① 洋葱去皮，洗净，切成末Ⓐ; 红尖椒、
芹菜分别择洗干净，均切成片; 水发
木耳择洗干净，撕成小朵。

② 豆腐洗净，切方块，放入淡盐水
中炖煮，过凉，沥水。

③ 锅中加油烧热，下入洋葱末炒
至金黄色Ⓒ，放入蒜蓉、虾米炒香。

④ 放入猪肉末、辣酱炒匀，加入料酒、蚝
油、白糖、味精调好口味成XO酱Ⓓ。

⑤ 然后放入豆腐块烧煮5分钟Ⓔ，用水
淀粉勾芡，撒入芹菜片和红椒片炒
匀，倒入汤煲中即可。

D

操作难易
★★★☆☆

49

1 打开智能手机（或者平
板电脑）的微信扫一扫
功能。

2 在良好的光线下，对准
本书中菜品的二维码，
进行识别扫描。

3 点击播放键，即可欣
赏到高清全剧情版烹
饪视频。

Author 生活食尚编委会

 刘国栋：中国饮食文化国宝级大师，著名国际烹饪大师，商务部授予中华名厨（荣誉奖）称号，全国劳动模范，全国五一劳动奖章获得者，中国餐饮文化大师，世界烹饪大师，国家级餐饮业评委，中国烹饪协会理事。

张明亮：从事餐饮行业40多年，国家第一批特级厨师，中国烹饪大师，国家高级公共营养师，全国餐饮业国家级评委。原全聚德饭庄厨师长、行政总厨，在全国首次烹饪技术考核评定中被评为第一批特级厨师。

 李铁钢：《天天饮食》《食全食美》《我家厨房》《厨类拔萃》等电视栏目主持人、嘉宾及烹饪顾问，国际烹饪名师，中国烹饪大师，高级烹饪技师，法国厨皇蓝带勋章，法国美食协会美食博士勋章，远东区最高荣誉主席，世界御厨协会御厨骑士勋章。

张奔腾：中国烹饪大师，饭店与餐饮业国家一级评委，中国管理科学研究院特约高级研究员，辽宁饭店协会副会长，国家高级营养师，中国餐饮文化大师，曾参与和主编饮食类图书近200部，被誉为"中华儒厨"。

 韩密和：中国餐饮国家级评委，中国烹饪大师，亚洲蓝带餐饮管理专家，远东大中华区荣誉主席，被授予法国蓝带最高骑士荣誉勋章，现任吉林省饭店餐饮烹饪协会副会长，吉林省厨师厨艺联谊专业委员会会长。

高玉才：享受国务院特殊津贴，国家高级烹调技师，国家公共营养技师，中国烹饪大师，餐饮业国家级考评员，国家职业技能裁判员，吉林省名厨专业委员会会长，吉林省药膳专业委员会会长。

 马长海：国务院国资委商业技能认证专家，国家职业技能竞赛裁判员，中国烹饪大师，餐饮业国家级评委，国际酒店烹饪艺术协会秘书长，国家高级营养师，全国职业教育杰出人物。

夏金龙：中国烹饪大师，中国餐饮文化名师，国家高级烹饪技师，中国十大最有发展潜力的青年厨师，全国餐饮业国家级评委，法国国际美食会大中华区荣誉主席。

 齐向阳：国家职业技能鉴定高级考评员，中国烹饪名师，高级技师，北方少壮派名厨，首届世界华人美食节烹饪大赛双金得主，北方厨艺协会秘书长，辽宁省餐饮烹饪行业协会副秘书长。

本书摄影：王大龙　杨跃祥

封面题字：徐邦家

吃是一种本能，也是一种修为。

本能表现在摄取的营养物质维持正常的生理指标，使生命正常运转；修为是指在维系生命运转的前提下，吃的是否健康、是否合理、是否养生，是否能通过吃使人体机能、精神面貌、修养理念等达到另一个高度，谓之为爱吃、会吃、讲吃、辩吃的真正美食家。

讲究营养和健康是现今的饮食潮流，享受佳肴美食是人们的减压方式。虽然在繁忙的生活中，工作占据了太多时间，但在紧张工作之余，我们也不妨暂且抛下俗务，走进厨房小天地，用适当的食材、简易的调料、快捷的技法等，烹调出一道道简易、美味、健康并且快捷的家常菜肴，与家人、朋友一齐来分享烹调的乐趣，让生活变得更富姿彩。

家常菜来自民间广大的人民群众中，有着深厚的底蕴，也深受大众的喜爱。家常菜的范围很广，即使是著名的八大菜系、宫廷珍馐，其根本元素还是家常菜，只不过氛围不同而已。我们通过一看就会系列图书介绍给您的家常菜，是集八方美食精选，去繁化简、去糟求精。我们也想通过努力，使您的餐桌上增添一道亮丽的风景线，为您的健康尽一点绵薄之力。

一看就会系列图书图文并茂，讲解翔实，书中的美味菜式不仅配有精美的成品彩图，还针对制作中的关键步骤，加以分解图片说明，让读者能更直观地理解掌握。另外，我们还对其中的重点菜肴配以二维码，您可以用手机或平板电脑扫描二维码，在线观看整个菜品制作过程的视频，真正做到图书和视频的完美融合。

衷心祝愿一看就会系列图书能够成为您家庭生活的好帮手，让您在掌握制作各种家庭健康美味菜肴的同时，还能够轻轻松松地享受烹饪带来的乐趣。

生活食尚编委会

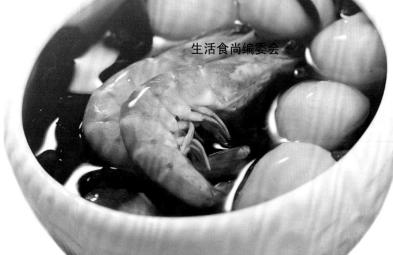

Contents 目录

Part 2
养心健脾夏季菜

Part 3
重点养肺秋季菜

Part 4
养肾滋补冬季菜

Part 1
养肝为先春季菜

油焖春笋

TIME / 25分钟

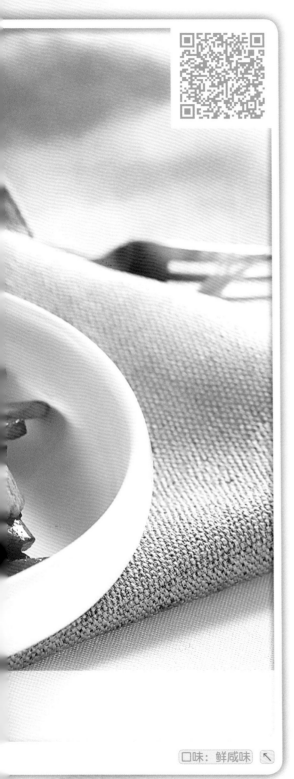

口味：鲜咸味

-原 料—

春笋300克 / 莴笋150克 / 五花肉、咸肉各50克 / 葱末、姜末各10克 / 精盐2小匙 / 料酒1小匙 / 酱油1大匙 / 甜面酱3大匙 / 香油少许 / 植物油适量

-制 作—

① 春笋去皮，洗净，切成滚刀块Ⓐ，加入少许酱油搅拌均匀，放入油锅内冲炸一下Ⓑ，捞出沥油。

② 把咸肉、五花肉均洗净，切成小块，分别放入沸水锅中焯透Ⓒ，捞出，沥干水分。

③ 莴笋洗净，切成小条，放入沸水锅中焯烫一下，捞出、沥干。

④ 取小碗，加入酱油、料酒、精盐、甜面酱调匀成味汁Ⓓ。

⑤ 锅内加油烧热，放入葱姜末炝锅，加上咸肉、五花肉、莴笋、春笋稍炒Ⓔ，烹入味汁炒匀，淋入香油即可。

操作难度
★★★☆☆

凉拌素什锦

▶ ━━━━━━━●━━━━━━━ TIME / 20分钟 ◀▌▌▌▌   口味：鲜咸味 ↖

-原料-

黄豆芽200克／白萝卜、胡萝卜、芹菜各75克／金针菇、水发木耳各25克／香菜15克／精盐1小匙／米醋、白糖、味精各2小匙／香油、虾油各1大匙

-制作-

1 黄豆芽洗净，沥水；白萝卜、胡萝卜洗净，去皮，切成丝；芹菜洗净，切成段；香菜去根，切成小段；金针菇去根，洗净，切成段；水发木耳切成丝。

2 锅中加入清水，放入黄豆芽、白萝卜、胡萝卜、木耳、芹菜、金针菇**A**焯2分钟至熟透，捞出沥水。

3 把食材放入大碗内，加入香菜段、米醋、白糖、味精、精盐，淋入香油、虾油**B**，拌匀上桌即可。

操作难度
★★★☆☆

-原 料—

丝瓜200克/猪肉末150克/面筋、草菇各100克/柠檬4片/枸杞子少许/鸡蛋1个/葱末、姜末各10克/精盐、味精、胡椒粉、水淀粉各少许/料酒1大匙/香油、植物油各适量

-制 作—

1 丝瓜洗净, 切成滚刀块Ⓐ, 放入清水中, 放入柠檬片浸泡片刻; 草菇洗净, 沥水, 切成小块Ⓑ。

2 猪肉末加入葱末、姜末、鸡蛋、胡椒粉、精盐、料酒、香油搅匀上劲Ⓒ, 塞入面筋内, 上屉蒸3分钟, 取出。

3 锅内加入植物油烧热, 下入葱末、姜末炝锅, 放入草菇、丝瓜、面筋、料酒、精盐、味精、胡椒粉, 小火焖几分钟, 放入枸杞子, 水淀粉勾芡, 出锅装盘即可。

操作难度
★★★☆☆

丝瓜烧塞肉面筋

▶ ━━━━●━━━━━━━━ TIME / 25分钟 ◀▌▌▌ 口味: 鲜咸味 ↖

上汤浸菠菜

▶ ─────○──────── TIME / 15分钟 ◁||||

口味：鲜咸味

-原 料-

菠菜300克 / 胡萝卜25克 / 草菇20克 / 枸杞子15克 / 松花蛋1/2个 / 姜片10克 / 精盐1小匙 / 味精、鸡精、香油各1/2小匙 / 猪骨汤3大匙 / 植物油2大匙

-制 作-

1 菠菜择洗干净，放入沸水锅中焯透**A**，捞出、装碗；胡萝卜、草菇分别洗净，均切成片**B**，一起放入沸水锅中略焯，捞出、沥水；松花蛋去壳，切成块。

2 锅置火上，加入植物油烧热，先下入姜片炒香，再放入松花蛋煎至金黄色，添入猪骨汤煮沸。

3 放入枸杞子、胡萝卜片、草菇片、精盐、味精、鸡精浸烫几分钟，淋入香油，出锅浇在菠菜碗中即可。

操作难度
★★☆☆☆

蒜泥苋菜

TIME / 15分钟 ◀▮▮▮▮

口味：蒜香味 ↖

- 原 料 -

苋菜500克 / 蒜瓣30克 / 精盐1大匙 / 酱油2小匙 / 辣椒油2大匙 / 植物油3大匙

- 制 作 -

① 苋菜去除老叶、黄叶部分，放入清水中洗净，沥干水分，切成小段Ⓐ；蒜瓣去皮，洗净，剁成段。

② 锅中加入适量清水和少许精盐煮沸，放入苋菜汆烫一下Ⓑ，捞出、沥干水分。

③ 锅置旺火上，加入植物油烧至五成热，下入苋菜炒至熟，加入精盐炒匀，出锅滗去汁水，加入酱油、蒜泥、辣椒油调拌均匀，装盘上桌即成。

操作难度
★★☆☆☆

-原 料——

面粉200克/莲藕50克/青椒块、红椒块各20克/木耳5克/芝麻少许/鸡蛋1个/大葱、姜块各10克/精盐、味精、料酒各2小匙/水淀粉1大匙/植物油适量

-制 作——

① 莲藕去皮、洗净,切成片;大葱、姜块洗净,切成碎末Ⓐ;木耳用温水涨发,洗净,沥水,撕成小块。

② 面粉放入容器中,加入鸡蛋液、精盐和少许清水揉匀成面团Ⓑ,饧5分钟。

③ 面团擀成大薄片,先切下3条,切成菱形片Ⓒ;剩下面片粘上芝麻,切成长段,表面剞刀,拧成螺丝状排叉。

④ 净锅置火上,加入植物油烧热,分别下入螺丝状排叉和菱形排叉炸至金黄色,捞出沥油。

⑤ 锅中留底油烧热,放入青椒块、红椒块、莲藕片、木耳块翻炒均匀。

⑥ 加入料酒、清水、精盐和味精烧至入味,用水淀粉勾芡,放入排叉稍炒,出锅装盘,摆上螺丝状排叉即可。

操作难度
★★☆☆

B

▶ ━━━━○━━━━━━━━ TIME / 30分钟 ◀▮▮▮▮

鲜蔬排叉

口味：鲜咸味

— 原 料 —

青江菜12棵／熟火腿75克／银耳10克／精盐、味精、白糖各1/2小匙／水淀粉2大匙／高汤3大匙

— 制 作 —

① 银耳用温水泡发，剪去黄硬蒂 **Ⓐ**，洗净，放入清水锅中，加入精盐、白糖、味精，用中火煮5分钟 **Ⓑ**，捞出银耳，沥净水分。

② 熟火腿切成细丝；青江菜去头尾及老叶，洗净，放入沸水锅中焯烫至熟，捞入碗中。

③ 炒锅上火烧热，加入高汤，用中火煮沸，放入银耳稍煮，用水淀粉勾芡，倒入盛有青江菜的碗内，撒上熟火腿丝，即可上桌食用。

操作难度
★★☆☆☆

银耳烩菜心

▶ ━━━━━●━━━━━━━ TIME / 25分钟 ◀▮▮▮▮ 　　口味：鲜咸味 ↖

酱焖茄子

▶ ━━━━━━━━━●━━━━━━━━ TIME / 25分钟 ◀▮▮▮▮　　　口味：酱香味 ↖

-原 料-

长茄子500克 / 葱末、姜末各5克 / 蒜片10克 / 精盐1小匙 / 酱油、味精各2小匙 / 黄酱、水淀粉各1大匙 / 白糖少许 / 植物油、肉汤各适量

-制 作-

① 长茄子去蒂，削去外皮，洗净，沥干水分，在茄子皮面上剞上浅十字花刀Ⓐ。

② 净锅置火上，加入植物油烧至六成热，下入长茄子炸3分钟，捞出沥油。

③ 锅中留底油烧热，用葱末、姜末炝锅，加入黄酱炒香出味Ⓑ，放入肉汤、酱油、白糖、精盐和茄子，改用小火焖烂，用水淀粉勾芡，撒上味精和蒜片即可。

操作难度
★★☆☆☆

原 料

猪里脊肉750克 / 葱段、姜片、蒜片各适量 / 精盐1/2小匙 / 料酒4大匙 / 白糖、酱油、红曲米各1大匙 / 蜂蜜2小匙 / 植物油2大匙

制 作

1. 猪里脊肉切成块，加入酱油、精盐、料酒、葱段、姜片拌匀，腌20分钟，放入油锅内煎至发干，取出。

2. 净锅置火上，加入植物油烧热，下放入腌肉的葱段、姜片、蒜片煸炒出香味，烹入料酒，加入酱油、红曲米、少许精盐、白糖和清水煮沸。

3. 倒入肉块，转小火炖1小时至熟烂，改用旺火收浓汤汁，加入蜂蜜调匀，出锅晾凉，改刀切成片即可。

操作难度
★★★☆☆

家常叉烧肉

TIME / 90分钟

口味：香甜味

－原 料——

香干200克／西芹丝100克／胡萝卜丝50克／精盐、味精、鸡精各1/2小匙／白酱油、香油各1小匙／植物油2小匙

－制 作——

① 西芹丝、胡萝卜丝放入沸水锅中焯至断生Ⓐ，捞出、沥水；香干丝放入沸水锅内焯烫一下Ⓑ，捞出。

② 香干丝加入白酱油、精盐和香油拌匀，放入油锅内煸炒出香味Ⓒ，出锅、晾凉；碗中放入白酱油、香油、精盐、味精、鸡精拌匀成咸鲜味汁。

③ 西芹丝、香干丝和胡萝卜丝放容器中，加入味汁拌匀Ⓓ，放入冰箱内冷藏保鲜，食用时取出即可。

西芹拌香干

▶ ━━━━━━━━━●━━━━━━━━━━ TIME / 60分钟 ◁▮▮▮▮   口味：鲜咸味 ↖

培根豆沙卷

TIME / 30分钟

口味：香甜味

-原 料——

培根200克/细豆沙馅料适量/面粉100克/芝麻少许/鸡蛋2个/苏打粉1小匙/芥末、酱油、沙拉酱、植物油各适量

-制 作——

① 培根洗净，放在案板上，用刀一分为二Ⓐ，将细豆沙馅料挤在培根片的一端，卷起成培根卷Ⓑ。

② 把面粉、苏打粉、植物油、鸡蛋液一同放入碗中，搅匀成脆皮糊Ⓒ。

③ 将芥末、酱油、沙拉酱放入小碗中，调拌均匀成酱汁。

④ 锅置火上，加入植物油烧至六成热，把培根卷先粘上一层脆皮糊Ⓓ，再裹匀芝麻，放入油锅内炸至熟透Ⓔ。

⑤ 待培根卷呈金黄色时，捞出、沥油，码放在盘内，与调好的酱汁一同上桌蘸食即可。

操作难度
★★★☆☆

滑炒里脊

▶ ━━━━●━━━━━━ TIME / 15分钟 ◀▮▮▮   口味：鲜咸味 ↖

-原 料-

猪里脊肉250克 / 黄瓜片50克 / 水发木耳、胡萝卜片各20克 / 鸡蛋清1个 / 葱花、姜末、蒜片各5克 / 精盐、味精、白糖各1小匙 / 料酒1大匙 / 水淀粉2小匙 / 香油、植物油各适量

-制 作-

① 猪里脊肉洗净，切成片**A**，加入精盐、味精、鸡蛋清、淀粉拌匀**B**，下入四成热油中滑透**C**，捞出、沥油。

② 水发木耳去蒂，撕成小块；精盐、味精、白糖、水淀粉放碗内调匀，制成味汁。

③ 锅中加入植物油烧热，用葱花、姜末、蒜片炝锅，烹入料酒，放入黄瓜、木耳、胡萝卜、肉片炒匀，烹入味汁炒至入味，淋入香油，即可出锅装盘。

操作难度
★★★☆☆

-原 料—

猪排800克／洋葱50克／苹果酱4大匙／番茄沙司、白兰地酒、酱油各2大匙／精盐1小匙／黑胡椒、蜂蜜各2小匙／黄油、植物油各适量

-制 作—

操作难度
★★☆☆☆

1 取电压力锅，放入洗净的猪排，加入适量清水压制15分钟至排骨软烂，出锅装盘。

2 洋葱洗净，切成丁，放入粉碎机中Ⓐ，加入苹果酱、番茄沙司、酱油、白兰地酒、精盐、蜂蜜打成酱汁。

3 锅中加入植物油、黄油烧至七成热Ⓑ，放入压熟的排骨煎至金黄Ⓒ，出锅装盘，撒上黑胡椒粒，刷上调好的酱汁，即可上桌食用。

果酱猪排

▶ ━━━━━●━━━━━━━━ TIME / 30分钟 ◀▮▮▮▮　　　口味：酱香味

肉片烧口蘑

▶ ━━━━━●━━━━━━━━ TIME / 25分钟 ◁❚❚❚❚ 　　　　　口味：鲜咸味 ↖

-原 料-

口蘑（罐装）、猪里脊肉各150克 / 姜片5克 / 葱段10克 / 料酒、水淀粉各1大匙 / 酱油2大匙 / 白糖1小匙 / 味精、精盐各1/2小匙 / 植物油600克（约耗45克）/ 高汤100克

-制 作-

1　猪里脊肉洗净，去筋，切成薄片Ⓐ；口蘑洗净，放入沸水锅内焯烫一下Ⓑ，捞出沥水。

2　净锅置火上，放入植物油烧热，放入猪里脊片炸至金黄色Ⓒ，捞出沥油。

3　锅中留底油烧热，加入葱段、姜片炝锅，放上高汤、料酒、酱油、味精、白糖、精盐烧沸，加入里脊片、口蘑烧入味，用水淀粉勾芡，出锅装盘即成。

操作难度
★★★☆☆

五花肉卤素人参

▶ ━━━━━━━━●━━━━━━━━ TIME / 60分钟 ◁▮▮▮▮   口味：鲜咸味 ↖

-原料-

猪五花肉300克 / 胡萝卜150克 / 葱段、姜片各10克 / 花椒、八角、桂皮各少许 / 精盐、味精各1
小匙 / 酱油、料酒、白糖、清汤、植物油各适量

-制作-

① 猪五花肉洗净，切成长方块Ⓐ，用酱油上色，放入热
   油锅中炸成金红色，捞出；胡萝卜洗净，切成块Ⓑ。

② 锅中加入植物油烧热，下入葱段、姜片、花椒、八角、
   桂皮炒香，烹入料酒，加入酱油、白糖、精盐，添入
   清汤略煮。

③ 放入猪肉块、胡萝卜块Ⓒ，用旺火烧沸后转小火慢
   炖至熟烂，调入味精，出锅装盘即可。

操作难度
★★★☆☆

-原 料—

猪五花肉300克/鸡蛋1个/面粉20克/熟芝麻少许/葱末、姜末各10克/精盐、味精各少许/胡椒粉、淀粉各1小匙/蚝油2小匙/白兰地酒1/2小匙/酱油、蜂蜜各2大匙/植物油适量

-制 作—

① 葱、姜洗净,切成细末Ⓐ;猪五花肉去掉筋膜,洗净血污,剁成细泥,放入大碗中,磕入鸡蛋拌匀。

② 加入胡椒粉、葱末、姜末、面粉、淀粉、精盐搅拌均匀Ⓑ,制成丸子Ⓒ。

③ 取小碗,加入酱油、蜂蜜、白兰地酒、味精、蚝油调拌均匀成照烧酱汁Ⓓ。

④ 净锅置火上,加入植物油烧至六成热,放入丸子炸约5分钟至熟香Ⓔ,捞出、沥油,装入盘中。

⑤ 趁热浇淋上调好的照烧汁,撒上熟芝麻,即可上桌食用。

操作难度
★★☆☆☆

TIME / 25分钟

日式照烧丸子

口味：鲜咸味

-原 料——

猪排骨500克／东北干豆角150克／葱段、姜片、蒜片各10克／精盐、白糖各1小匙／鸡精、花椒粉各1/3小匙／料酒、老抽、米醋各1大匙／植物油2大匙

-制 作——

操作难度
★★☆☆☆

① 干豆角用冷水泡发，洗净；猪排骨洗净，剁成块Ⓐ，再放入清水锅中煮至熟Ⓑ，捞出。

② 锅置火上，加入植物油烧热，下入葱段、姜片、蒜片和花椒粉爆香，加入白糖、老抽和料酒烧沸。

③ 放入排骨块翻炒均匀，加入干豆角、米醋和适量煮排骨的原汤烧沸，然后转小火炖至干豆角熟透，加入精盐和鸡精调味，出锅装碗即可。

干豆角炖排骨

▶ ━━━━━●━━━━━━ TIME / 45分钟 ◁▮▮▮▮

口味：鲜咸味

雪豆烧猪蹄

▶ ━━━━━━●━━━━━━ TIME / 90分钟 ◁▮▮▮▮   口味: 鲜咸味 ↖

-原 料—

猪蹄500克 / 雪豆150克 / 泡椒25克 / 葱花、姜丝、蒜片各少许 / 精盐1小匙 / 味精、白糖各2小匙 / 料酒、水淀粉各1大匙 / 老汤750克 / 植物油适量

-制 作—

① 猪蹄去净残毛,用大火烤至肉皮焦煳,再放入温水中刮洗干净,捞出沥干,切成大块Ⓐ。

② 雪豆洗净,放入清水锅中煮至熟,捞出沥水;把猪蹄块放入老汤锅中煮至熟透Ⓑ,捞出沥干。

③ 锅中加入植物油烧热,下入葱花、姜丝、蒜片、泡椒炒香,放入雪豆、猪蹄、精盐、味精、白糖、料酒烧至入味,用水淀粉勾芡,出锅装盘即可。

操作难度
★★★☆☆

-原 料——

猪肉末200克 / 鸡蛋1个 / 紫菜2张 / 鸡蛋皮1张 / 枸杞子10克 / 葱末、姜末各5克 / 精盐、胡椒粉
各1小匙 / 料酒、香油各1大匙 / 水淀粉、淀粉、植物油各适量

-制 作——

1 猪肉末加上葱末、姜末、精盐、料酒、香油、胡椒粉、
鸡蛋和剁碎的枸杞子拌匀成馅料Ⓐ。

2 鸡蛋皮放案板上，撒上淀粉，放上紫菜Ⓑ，涂抹上
猪肉馅Ⓒ，从两端朝中间卷起成如意蛋卷生坯。

3 笼屉刷上少许植物油，码放上如意蛋卷生坯，放入
蒸锅内蒸20分钟Ⓓ，取出、晾凉，切成小片，码盘上
桌即可。

如意蛋卷 DVD

▶ ⬤━━━━━━━ TIME / 40分钟 ◀▮▮▮▮   口味：鲜咸味 ↖

-原 料——

鸡胸肉150克/龙井茶叶15克/豌豆苗10克/鸡蛋清1个/精盐2小匙/味精少许/料酒1大匙/
胡椒粉、淀粉各1小匙/鸡汤750克

-制 作——

操作难度
★★☆☆☆

1 鸡胸肉切成薄片Ⓐ，加入料酒、精盐、鸡蛋清和淀粉拌匀，放入沸水锅中烫熟Ⓑ，捞出沥水。

2 龙井茶叶放入杯中，加入少许开水浸泡一下，滗去茶水，再加入沸水泡3分钟。

3 净锅置火上，加入鸡汤、龙井茶水、精盐、味精、胡椒粉烧沸，放入鸡肉片稍煮，加入洗净的豌豆苗煮匀，出锅装碗即成。

风味鸡片汤

▶ ━━━━━○━━━━━━━ TIME / 25分钟 ◀▮▮▮ 　　口味：鲜咸味 ↖

五香酥鸭腿

▶ ○━━━━━━━━ TIME / 60分钟 ◁▮▮▮▮

口味：酒香味

—原 料—

鸭腿3个/葱段、姜块各15克/五香料1份（草蔻、八角、砂仁、沙姜、桂皮共15克）/精盐、白糖、淀粉、酱油、料酒各适量/黄酱3大匙/啤酒1瓶/植物油750克（约耗75克）

—制 作—

1 鸭腿去净绒毛，洗净；葱段、姜块洗净，用刀面拍散；黄酱放入碗中，倒入啤酒调拌均匀成啤酒酱。

2 净锅置火上，加入少许植物油烧热，放入白糖煸炒至变色Ⓐ。

3 加入精盐、酱油、料酒、五香料，倒入啤酒黄酱烧沸，然后放入鸭腿烧沸。

4 倒入高压锅中，置火上压10分钟，关火放气，捞出沥水Ⓑ、稍晾，在表面裹匀淀粉Ⓒ。

5 净锅置火上，加油烧至六成热，放入鸭腿炸2分钟Ⓓ，捞出沥油Ⓔ，切成条块，装盘上桌即可。

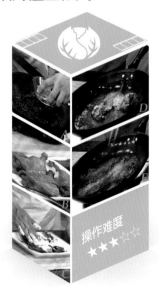

操作难度
★★★☆☆

37

鸡汤烩菜青

▶ ━━━━━━━━●━━━━━━━━━━ TIME / 15分钟 ◀▮▮▮ 　　　口味：鲜辣味 ↖

-原 料-

鸡胸肉200克 / 胡萝卜、油菜心各50克 / 粉丝20克 / 草菇2朵 / 精盐1大匙 / 味精1小匙 / 胡椒粉
2大匙 / 鸡汤适量

-制 作-

① 鸡胸肉洗净，切成细丝；粉丝用温水泡软，切成小段；胡萝卜去皮，洗净，切成片 **Ⓐ**；油菜心洗净；草菇择洗干净，切成片。

② 净锅置火上，加入鸡汤烧沸，放入鸡肉丝、粉丝、胡萝卜片、油菜心、草菇煮沸 **Ⓑ**。

③ 撇去浮沫，加入精盐、胡椒粉、味精，用小火烩至熟烂，离火，盛入汤碗中即可。

操作难度
★★☆☆☆

-原 料——

鸭胗300克／香椿芽80克／杏仁60克／红椒40克／葱段、姜片各10克／葱丝5克／精盐、米醋各4小匙／味精1小匙／料酒2小匙／橄榄油1大匙

-制 作——

① 鸭胗洗净，放入碗中Ⓐ，加入葱段、姜片、料酒、精盐及清水，入锅煲15分钟至熟，取出，切成薄片Ⓑ。

② 红椒去蒂及籽，洗净，切成细丝Ⓒ；香椿芽择洗干净，切成小段。

③ 鸭胗片放入容器中，加入葱丝、香椿段、红椒丝、杏仁拌匀，再加入橄榄油、米醋、精盐、味精调拌均匀，装盘上桌即可。

操作难度 ★★★☆☆

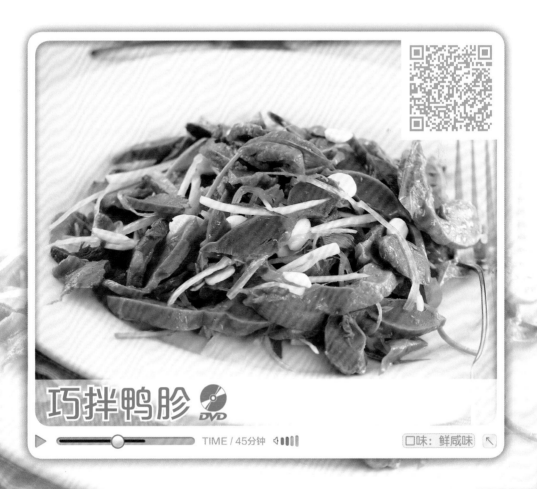

巧拌鸭胗 DVD

▶ ━━━━━○━━━━━ TIME / 45分钟 ◀▮▮▮▮   口味：鲜咸味 ↖

骨汤烩豆腐

▶ ══════○═══════ TIME / 25分钟 ◀▮▮▮▮

口味：鲜咸味 ↖

-原 料——

北豆腐150克／虾仁100克／鸡胸肉50克／小油菜适量／葱段、姜片各10克／精盐、味精各1/2小匙／胡椒粉1/3小匙／猪骨汤500克

-制 作——

1 虾仁洗净Ⓐ，剁成碎末；鸡胸肉洗净，捶成鸡肉泥Ⓑ；一起放入容器中搅成馅料。

2 北豆腐洗净，切成长方块，在上面挖出小洞，将馅料酿入豆腐中。

3 锅中加入猪骨汤烧沸，放入葱段、姜片、酿好的豆腐，用小火略煮，加入精盐、味精、胡椒粉煮至入味，放入小油菜煮熟，出锅装碗即可。

操作难度
★★★☆☆

椒麻卤鹅

▶ ━━━━━━━━⬤━━━━━━━━ TIME / 120分钟 ◀▮▮▮▮ 　　口味：椒麻味 ↖

-原 料━━

鹅肉500克 / 葱叶30克 / 花椒粒10克 / 精盐1小匙 / 味精1/2小匙 / 植物油2大匙 / 卤水1000克

-制 作━━

❶ 把鹅肉洗净，放入沸水锅内焯烫一下，捞出沥干；花椒、葱叶洗净，剁成蓉状，制成椒麻糊。

❷ 锅中加入卤水烧沸，放入鹅肉，用小火卤煮1.5小时至熟，捞出、晾凉 A，去骨后剁成8厘米长、3厘米粗的条状，整齐地码入盘中 B。

❸ 锅中加入植物油烧至八成热，倒入碗中，放入椒麻糊、精盐、味精调匀，浇在鹅肉上即可。

A

B

操作难度
★★☆☆☆

-原 料——

豆腐300克/虾仁200克/鸡蛋清1个/剁椒
30克/葱末25克/姜末10克/精盐1小匙/料
酒、淀粉各1大匙/味精、胡椒粉各少许/香
油2小匙/植物油2大匙

-制 作——

① 豆腐切成薄片,放在盘内,撒上少许
葱末、姜末、精盐、味精、胡椒粉和料
酒Ⓐ,腌渍片刻。

② 虾仁去掉虾线,洗净,先用刀剁几下
成丁,再用刀背砸成虾蓉Ⓑ。

③ 把虾蓉、葱末、姜末、鸡蛋清、精盐、
胡椒粉、料酒、香油、淀粉拌匀上劲
成馅料Ⓒ。

④ 把馅料捏成丸子,放在豆腐片上,撒
上切好的剁椒,放入蒸锅内,用旺火
沸水蒸8分钟Ⓓ。

⑤ 取出蒸好的豆腐Ⓔ,撒上少许葱末,
浇上热油炝出香味,上桌即可。

操作难度
★★★☆☆

TIME / 25分钟

DVD 剁椒百花豆腐

口味: 鲜辣味

-原 料-

黄花鱼400克/鸡蛋1个/香菜段少许/葱花、姜丝各5克/精盐、味精、白醋各1/2小匙/白糖、胡椒粉、面粉各少许/料酒1大匙/植物油250克(约耗75克)

-制 作-

① 黄花鱼去掉鱼鳃,刮去鱼鳞,去掉内脏和杂质,洗涤整理干净,表面剞上兰草花刀**A**,加入精盐、味精、胡椒粉、料酒拌匀**B**,腌渍15分钟。

② 把黄花鱼粘匀面粉,挂匀鸡蛋,放入烧热的油锅内煎至两面金黄色**C**,捞出沥油。

③ 锅中留底油烧热,下入葱花、姜末,加入调料、清水烧沸,放入黄花鱼煎至收汁,撒上香菜段,装盘即可。

操作难度
★★★☆☆

干煎黄花鱼

▶ ──────●──────── TIME / 30分钟 ◁▮▮▮▯   口味:鲜咸味 ↖

糖醋鲤鱼

TIME / 25分钟 ◁▋▋▋▋   口味：糖醋味

- 原 料 —

净鲤鱼1条(约750克)/葱末、姜末、蒜末、精盐、白糖、酱油、白醋、清汤、水淀粉、淀粉糊、植物油各适量

- 制 作 —

1 将鲤鱼收拾干净，表面剞上一字刀**Ⓐ**，撒上精盐稍腌，在刀口处及鱼身上均匀地涂上一层淀粉糊**Ⓑ**。

2 锅置旺火上，加入植物油烧热，手提鱼尾放入油锅炸约3分钟，再转中火炸至熟，捞出、装盘。

3 锅内留底油烧热，加入葱末、姜末、蒜末、白醋、白糖、酱油、精盐、清汤烧至浓稠，用水淀粉勾芡，淋入少许明油，出锅浇在鲤鱼上即成。

操作难度
★★★☆☆

-原 料—

鲜贝150克 / 鸡蛋2个 / 熟芝麻20克 / 葱段20克 / 姜片15克 / 精盐1/2小匙 / 酱油4小匙 / 料酒、
老抽各2小匙 / 胡椒粉1小匙 / 蜂蜜1大匙 / 植物油100克

-制 作—

① 鲜贝洗涤整理干净, 沥净水分; 取小碗1个, 加入老抽、蜂蜜、酱油、熟芝麻调拌均匀成烧汁 A。

② 鲜贝、葱段、姜片、鸡蛋放入搅拌机内, 加入胡椒粉、料酒、植物油和精盐搅打成贝泥 B, 取出。

③ 锅中加入植物油烧至六成热, 放入鲜贝泥并摊平, 转小火煎至鲜贝泥两面熟透 C、呈淡黄色时, 出锅、装盘, 切成条状, 淋入烧汁即可。

操作难度
★★★★☆

烧汁煎贝腐

TIME / 25分钟

口味: 鲜咸味

- 原 料——

武昌鱼1条（约650克）/ 山药片50克 / 香菜段35克 / 黄芪、枸杞子、百合各20克 / 红椒丝10克 /
葱段、姜片、蒜片各35克 / 精盐1/2小匙 / 味精、料酒各1小匙 / 酱油2小匙 / 香油少许

- 制 作——

1 武昌鱼去鳞、去鳃和内脏，洗净，表面剞上花刀 **Ⓐ**，
鱼腹中放入葱段、姜片和蒜片。

2 将料酒、精盐、味精、酱油放入碗中调匀，均匀地涂
抹在武昌鱼上 **Ⓑ**，腌渍20分钟，装入盘中。

3 把红椒丝、山药片、黄芪、百合放在武昌鱼上，放入
蒸锅中，用旺火沸水蒸6分钟，撒上香菜段、枸杞子
续蒸2分钟，取出，淋入香油，即可上桌食用。

A

B

操作难度
★★☆☆☆

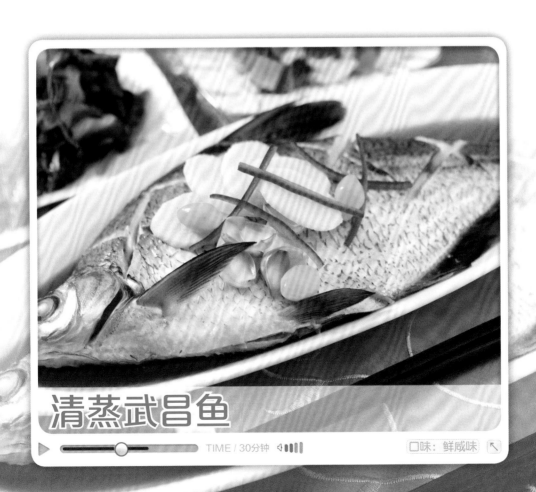

清蒸武昌鱼

▶ ⬤━━━━━━━━━━ TIME / 30分钟 ◀|||| 　　　　口味：鲜咸味 ↖

XO酱豆腐煲 *DVD*

▶ ━━━━━○━━━━━━━━━ TIME / 25分钟 ◁▮▮▮▮

—口味：酱香味

—原 料—

北豆腐1块 / 猪肉末、洋葱各100克 / 红尖椒、芹菜、水发木耳各50克 / 虾米15克 / 蒜蓉5克 / 精盐1、味精、白糖各1小匙 / 辣酱2大匙 / 蚝油、料酒、水淀粉、植物油各适量

—制 作—

① 洋葱去皮, 洗净, 切成末Ⓐ; 红尖椒、芹菜分别择洗干净, 均切成片; 水发木耳择洗干净, 撕成小朵。

② 豆腐洗净, 切成小方块, 放入淡盐水中炖煮片刻Ⓑ, 捞出、过凉, 沥水。

③ 锅中加入植物油烧热, 下入洋葱末炒至金黄色Ⓒ, 放入蒜蓉、虾米炒香。

④ 放入猪肉末、辣酱炒匀, 加入料酒、蚝油、白糖、味精调好口味成XO酱Ⓓ。

⑤ 然后放入豆腐块烧煮5分钟Ⓔ, 用水淀粉勾芡, 撒入芹菜片和红椒片炒匀, 倒入汤煲中即可。

操作难度
★★★☆☆

五福焖鲈鱼

▶ ━━━━━━●━━━━━━━ TIME / 45分钟 ◀▮▮▮ 口味：鲜咸味 ↖

-原 料-

鲈鱼750克／五彩发糕块100克／豆皮丝、油菜丝各50克／葱段、姜丝、蒜片、干红椒、精盐、白糖、白醋、料酒、酱油、水淀粉、高汤、植物油各适量

-制 作-

① 净鲈鱼腹中放入少许葱段、姜丝Ⓐ，再放入热油锅中煎上颜色，捞出沥油。

② 锅内留底油，复置火上烧热，先下入葱段、姜丝、蒜片、干红椒爆香Ⓑ，再放入精盐、白糖、白醋、料酒、酱油和高汤煮沸。

③ 放入鲈鱼，改用小火炖至熟，用水淀粉勾芡，出锅装盘，摆上五彩发糕块、豆皮丝、油菜丝即可。

操作难度
★★★☆☆

—原 料——
虾仁200克 / 鸡蛋清3个 / 牛奶100克 / 青豆适量 / 葱花、姜片各10克 / 精盐2小匙 / 味精1小匙 /
料酒1大匙 / 淀粉、植物油各适量

—制 作——

① 虾仁去沙线，加入精盐、淀粉、料酒拌匀 **A**，腌渍20分钟，放入清水锅内焯烫一下 **B**，捞出沥水。

② 取粉碎机，放入葱花、姜片、鸡蛋清搅打均匀，倒入大碗中，再加入牛奶、少许精盐调匀成芙蓉汁。

③ 锅置火上，加入少许植物油烧热，倒入芙蓉汁炒匀 **C**，加入味精，放入洗净的青豆稍炒，用水淀粉勾芡，放入熟虾仁炒匀 **D**，出锅装盘即成。

芙蓉虾仁

TIME / 30分钟

口味：鲜咸味

家常焖带鱼

TIME / 30分钟 ◁▮▮▮▮

口味：鲜咸味

-原 料——

带鱼300克／葱花、姜末、蒜片各10克／料酒、酱油、香油、白醋、白糖、精盐、味精、香油、水淀粉、清汤、植物油各适量

-制 作——

1 带鱼洗涤整理干净A，先剞上棋盘花刀，再剁成段B，放入油锅内炸呈金黄色C，捞出沥油。

2 锅中留底油，复置火上烧热，下入葱花、姜末、蒜片炒出香味，烹入料酒炒匀。

3 加入白醋、酱油、白糖、精盐和清汤烧沸，下入带鱼段，转小火焖至入味，见汤汁稠浓时，加入味精，用水淀粉勾芡，淋入香油，出锅装盘即可。

操作难度
★★☆☆☆

熘虾段

TIME / 25分钟

口味：酸咸味

-原 料-

大虾350克 / 洋葱块50克 / 鸡蛋1个 / 葱花10克 / 姜末、蒜片各5克 / 精盐、味精各1/2小匙 / 白糖、酱油、白醋各1小匙 / 料酒、鲜汤各1大匙 / 淀粉4小匙 / 植物油500克（约耗75克）

-制 作-

① 大虾去头、去壳Ⓐ，挑除沙线，洗净，切成两段，加入精盐、味精、料酒、鸡蛋液、淀粉拌匀，放入烧热的油锅内炸至金黄、酥脆Ⓑ，捞出沥油。

② 小碗中加入少许料酒、酱油、白糖、精盐、味精、鲜汤、淀粉调匀，制成味汁。

③ 锅中加油烧热，下入葱花、姜末、蒜片、洋葱块略炒，烹入米醋，加入虾段，倒入味汁翻熘均匀即可。

操作难度
★★☆☆☆

-原 料——

豇豆150克／河虾100克／胡萝卜80克／熟玉米粒50克／花生碎少许／蒜末、姜末各15克／精盐2小匙／味精1小匙／白糖1大匙／料酒4小匙／香油、胡椒粉、植物油各适量

-制 作——

1 豇豆洗净，切成小段，放入加有少许精盐、白糖的沸水锅中焯烫一下A，捞出沥干。

2 胡萝卜洗净，切成小条B，放入沸水锅中焯烫一下，捞出过凉，沥水。

3 河虾洗净、沥水，放入热油锅中炒干水分C，再放入熟玉米粒炒匀，出锅装入碗中。

4 加入姜末、精盐、味精、白糖、胡椒粉、香油、料酒调拌均匀D。

5 锅中加入植物油烧热，下入蒜末、豇豆段、胡萝卜条炒匀E，放入河虾、花生碎翻炒均匀F，出锅装盘即可。

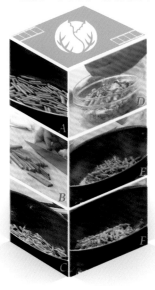

TIME / 15分钟

鲜虾炝豇豆

口味：鲜咸味

—原 料——

虾仁粒250克 / 猪肥膘蓉、净豆苗、荸荠末各50克 / 鸡蛋清1个 / 葱末10克 / 料酒2小匙 / 精盐、米醋各1/2小匙 / 味精少许 / 料酒1大匙 / 水淀粉5小匙 / 熟猪油250克 (约耗50克)

—制 作——

① 虾仁粒、肥膘蓉、荸荠末放入盆中, 加入鸡蛋清、味精、葱末、精盐、料酒拌匀, 再加入水淀粉搅匀Ⓐ。

② 锅中加入熟猪油烧热, 将虾肉蓉挤成丸子Ⓑ, 放入锅中压成饼, 略煎, 翻面后用手勺压一下。

③ 加入少许熟猪油略煎一会儿, 然后放入熟猪油煎至内外熟透, 滗去锅内余油, 烹入料酒、米醋炒匀, 出锅装盘, 用焯熟的净豆苗围在周围即成。

操作难度
★★★☆☆

锅煎虾饼

TIME / 25分钟

口味：鲜咸味

落叶琵琶虾

▶ ━━━━━━●━━━━━━ TIME / 15分钟 ◀|||| 口味：鲜咸味 ↖

-原 料——

河虾250克 / 豌豆苗10克 / 葱末、姜末各15克 / 精盐、料酒、水淀粉、姜汁、葱油、清汤各适量 / 植物油100克

-制 作——

① 河虾洗净，加入精盐略腌，放在案板上，撒上淀粉，用擀面杖拍成琵琶形薄片Ⓐ，放入沸水锅中焯烫一下，捞出沥干；豌豆苗洗净，用沸水略焯，捞出。

② 锅中加油烧热，放入葱末、姜末略炒Ⓑ，再加入清汤、料酒、精盐烧沸，放入虾片烧约1分钟，捞出装盘。

③ 锅中汤汁用水淀粉勾芡，放入姜汁、葱油搅匀，浇入虾片盘中，撒上豌豆苗即成。

操作难度
★★★☆☆

一看就会
大众菜

-原 料-

蛏子300克/水发蜇头片50克/黄瓜丝、豆皮丝、水发木耳各30克/青红椒圈各20克/香菜段10克/葱丝、姜丝、蒜片各15克/精盐、味精、白糖、蚝油、海鲜酱油、生抽、香油、植物油各适量

-制 作-

① 锅中加入清水煮沸，放入葱丝、姜丝、蒜片和洗净的蛏子煮至开壳，捞出蛏子、去壳，放入碗中 A。

② 锅中加油烧热，下入葱丝、姜丝、蒜片、青红椒圈炒香，加入调料煮沸成味汁 B，倒入小碗中。

③ 锅中加入清水烧沸，放入豆皮丝、水发木耳、蜇头片焯烫一下，捞出、过凉，放入蛏子碗中，放入黄瓜丝、味汁，淋入热香油，撒上香菜段拌匀 C 即成。

操作难度
★★★☆☆

温拌蜇头蛏子

▶ ━━━━━○━━━━━━━━ TIME / 25分钟 ◀╎╎╎╏   口味：鲜咸味 ↖

-原 料——

大虾200克/油菜心50克/水发木耳10克/精盐、酱油、料酒各1大匙/味精1小匙/植物油2大匙/熟鸡油少许

-制 作——

① 将大虾洗净,剪去须刺 ,去除沙线;水发木耳洗净,切成两半 ;油菜心洗净,放入沸水锅内焯烫一下,捞出,过凉,沥干水分,切成小段。

② 锅中加上植物油烧热,放入大虾略炒 ,加入酱油、料酒、精盐,加上油菜心、水发木耳炒匀。

③ 放入适量清水煮沸,加入味精调味,出锅装碗,淋入熟鸡油即成。

操作难度 ★★☆☆☆

河虾时蔬汤

TIME / 25分钟

口味:鲜咸味

鲜虾莼菜汤

▶ ●━━━━━━━━━━━ TIME / 20分钟 ◀|||| 口味：鲜咸味 ↖

-原 料-

大虾300克 / 莼菜100克 / 精盐、味精、白醋各1小匙 / 鸡精1/2小匙 / 胡椒粉2小匙 / 淀粉3大匙 /
鸡汤适量

-制 作-

① 大虾去头、壳、留尾Ⓐ，洗净，从背部划开，挑除虾
线Ⓑ，加入淀粉拌匀，再用木棒反复敲打成薄片。

② 将莼菜择洗干净，放入沸水锅中，加入少许精盐焯
至透Ⓒ，捞出沥水。

③ 坐锅点火，加入鸡汤煮沸，放入虾片稍煮，转小火，
放入莼菜煮至虾片浮起，加入精盐、味精、白醋、鸡
精、胡椒粉调味，盛入汤碗中即可。

操作难度
★★☆☆☆

A

B

Part 2
养心健脾夏季菜

酸辣蓑衣黄瓜

TIME / 30分钟 ◀▌▌▌

-原 料——

黄瓜1根／姜块30克／葱段、红干辣椒各15克／精盐、白糖、白醋、香油各适量

-制 作——

1 把黄瓜去蒂，用清水洗净，表面先剞上蓑衣花刀A，再加入精盐揉搓均匀，腌渍10分钟B。

2 姜块去皮、洗净，先切成片C，再切成细丝；葱段、干红辣椒分别洗净，均切成细丝D，放入碗中。

3 净锅置火上，加入香油烧至九成热，倒入盛有葱丝、姜丝、干红辣椒丝的碗中炸出香味。

4 晾凉后加入白糖、精盐、白醋调拌均匀至白糖化开成酸辣味汁。

5 将腌好的黄瓜沥去腌汁，摆入盘中，浇上调好的酸辣味汁E即可。

操作难度
★★☆☆☆

口味：酸辣味

三丝黄瓜卷

▶ ━━━━━━●━━━━━━━ TIME / 45分钟 ◀▮▮▮▮　　　口味：酸辣味 ↖

-原 料——

黄瓜400克 / 胡萝卜丝、冬笋丝、熟猪肉丝各75克 / 精盐1小匙 / 白糖2小匙 / 白醋1大匙 / 香油适量

-制 作——

① 黄瓜去蒂，洗净，片成长条片Ⓐ，放入碗中，加入精盐、白糖、白醋拌匀，腌渍30分钟，取出、沥水。

② 锅中加入清水烧沸，放入胡萝卜丝、冬笋丝焯至断生，捞出沥水，放入容器中，加入熟猪肉丝、精盐、白糖、白醋、香油拌匀，均分小份。

③ 将黄瓜片放在案板上，取一小份三丝放在上面，卷成卷Ⓑ，依次卷好，码入盘中即成。

操作难度
★★★☆☆

- 原 料 —

冬瓜1个 / 猪肉末250克 / 水发香菇50克 / 虾子20克 / 鸡蛋1个 / 马蹄、冬笋各适量 / 葱末、姜末各10克 / 精盐2小匙 / 料酒1大匙 / 胡椒粉、香油、味精各少许

- 制 作 —

操作难度
★★★☆☆

1 水发香菇去蒂, 切成薄片; 马蹄、冬笋分别洗净, 切成片Ⓐ; 冬瓜切成两半, 做成盅状后, 把瓜瓤掏空。

2 猪肉末放在容器内, 加入鸡蛋、料酒、香油、精盐、胡椒粉、味精调匀, 再加入葱末、姜末、香菇、马蹄片、冬笋片和虾子拌匀成馅料Ⓑ。

3 馅料放入冬瓜盅内Ⓒ, 盖上冬瓜盖成冬瓜盅, 放在蒸锅里, 用旺火蒸约20分钟, 取出上桌即可。

虾子冬瓜盅

▶ ━━━━●━━━━━━━ TIME / 40分钟 ◀▮▮▮▮ 口味: 鲜咸味 ↖

温拌海螺

▶ ━━━━━━━●━━━━━━━ TIME / 25分钟 ◀III

口味：鲜咸味

-原 料——

海螺300克 / 黄瓜100克 / 香菜50克 / 姜末少许 / 味精1/2小匙 / 酱油2大匙 / 白醋1大匙 / 香油
1/2大匙

-制 作——

① 海螺去壳、取海螺肉，洗净杂质，片成薄片Ⓐ；黄瓜
洗净，切成象眼片Ⓑ；香菜择洗干净，切成小段。

② 锅中加入清水烧沸，放入海螺片焯透，捞出、冲凉，
沥干水分。

③ 黄瓜片垫入盘底，放上海螺片，加入酱油、白醋、味
精、姜末拌匀，撒上香菜段，淋上烧至九成热的香
油，食用时拌匀即可。

操作难度
★★☆☆☆

泡酸辣萝卜

▶ ⬤━━━━━━━━━ TIME / 25分钟 ◁▮▯▯▯ |口味：酸辣味| ↖

-原 料——

青萝卜皮1000克／大蒜、姜块各15克／精盐1大匙／味精1/2小匙／辣椒粉1小匙／白糖、香醋各2小匙／酱油4大匙／虾酱100克

-制 作——

① 青萝卜皮洗净，切成细丝Ⓐ，加入精盐拌匀Ⓑ，腌渍约10小时，捞出沥水。

② 大蒜、姜块分别去皮，洗净，剁成细末，放在大碗内，加入白糖、香醋、辣椒粉、酱油、虾酱、味精调拌均匀成泡腌调味料。

③ 将腌过的萝卜皮丝层层装入容器中，两层之间抹匀泡腌调味料，泡腌3天至入味，即可上桌食用。

操作难度
★★☆☆☆

一看就会
大众菜

-原料-

茄子400克／水发粉皮150克／胡萝卜、黄瓜
各50克／香菜段15克／熟芝麻少许／花椒
15粒／葱丝、姜丝、蒜末、干辣椒各10克／
精盐、白糖、味精、酱油、米醋、香油、植物
油各适量

-制作-

① 茄子去蒂、洗净，切成滚刀块，放入
淡盐水中浸泡15分钟。

② 胡萝卜洗净，切成丝；黄瓜去蒂、洗
净，切成丝Ⓐ；水发粉皮切成条。

③ 锅置火上，加入植物油烧热，下入花
椒、干辣椒炸至酥香Ⓑ，放入胡萝卜
丝、葱丝、姜丝炒香出味Ⓒ。

④ 最后加入酱油、米醋、精盐、味精、白
糖调味，盛入碗中成味汁。

⑤ 把茄子块放入热油锅中煎熟Ⓓ，盛
入盘中，放上粉皮、黄瓜丝、蒜末、香
油、味汁、香菜段、熟芝麻Ⓔ即可。

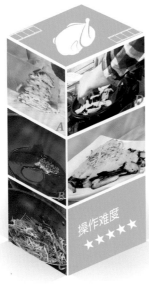

操作难度
★★★★★

TIME / 30分钟

热拌粉皮茄子

口味：鲜咸味

一看就会
大众菜

-原 料——

胡萝卜250克 / 白萝卜50克 / 精盐1小匙 / 味精1/2小匙 / 白糖、香油各少许 / 辣椒油2小匙

-制 作——

① 胡萝卜去皮、洗净，切成细丝，加入精盐稍腌，挤干水分，再加入味精、白糖、香油、辣椒油拌匀。

② 白萝卜去皮、洗净，切成大薄片Ⓐ，放入淡盐水中浸泡，使其质地回软，沥去水分。

③ 白萝卜片摊平，放上适量胡萝卜丝，卷成圆筒状Ⓑ，逐个做完，改刀切成2厘米长的菱形块，码放入盘中即可。

操作难度
★★☆☆☆

爽口萝卜卷

▶ TIME / 40分钟 ◁

口味：鲜咸味

盐水芥蓝

▶ ━━━━━━●━━━━━━━━ TIME / 45分钟 ◁▌▌▌▌   口味：鲜咸味 ↖

-原 料-

芥蓝450克 / 葱段、姜片各10克 / 精盐、芥末油、植物油各1小匙 / 味精、白糖、香油各1/2小匙

-制 作-

① 锅中加入适量清水、葱段、姜片、精盐烧沸，转小火
煮约10分钟，捞出葱、姜，倒入容器中成盐水汁。

② 芥蓝去皮，洗净，切成小块A，放入沸水锅中，加入
精盐、植物油焯烫2分钟，捞出过凉，沥干水分。

③ 把芥蓝放入盛有盐水汁的容器中B，浸泡约30分
钟至入味，捞出沥水，放入盘中，加入味精、白糖，
淋入芥末油、香油拌匀即可。

操作难度
★★☆☆☆

-原 料——

樱桃100克／莲藕、山药、荸荠各50克／山楂25克／陈皮、甘草各10克／姜末10克／冰糖、精盐、水淀粉、植物油各适量

-制 作——

1 山药洗净，切块；莲藕、荸荠分别去皮，洗净，切成小片**A**，全部放入沸水锅内焯烫一下**B**，捞出沥水。

2 锅中加入植物油烧至五成热，放入山药、莲藕、荸荠、樱桃炒匀，用水淀粉勾芡，出锅装盘。

3 锅中加入适量清水，放入甘草、陈皮、山楂片、姜末、樱桃煮沸，再加入冰糖、精盐，转小火熬煮至黏稠**C**，出锅倒入盛有三脆的盘内，上桌即成。

操作难度
★★★☆☆

樱桃炒三脆

▶ ━━━━━━━━○━━━━━━ TIME / 25分钟 ◁▮▮▮▮　　　口味：甜香味

-原 料——

芦笋300克 / 蒜蓉10克 / 精盐2小匙 / 味精1小匙 / 白糖少许 / 芝麻酱1大匙 / 酱油、香油、鲜汤
各适量

-制 作——

操作难度
★★☆☆☆

① 芦笋去根，削去老皮，用清水洗净，切成小段Ⓐ，放
入沸水锅内焯至断生Ⓑ，捞出沥干。

② 取2个味碟，一个放入芝麻酱、鲜汤、精盐、味精、酱
油、白糖、香油调匀成麻酱味碟；另一个放入蒜蓉、
精盐、酱油、味精、白糖、香油调匀成蒜泥味碟。

③ 将芦笋段放入装有冰块的盘中，与调好的味碟一同
上桌蘸食即可。

冰镇芦笋 DVD

▶ ───────○──────── TIME / 25分钟 ◀▮▮▮▮ 　　口味：鲜香味 ↖

苦瓜蘑菇松

TIME / 25分钟

口味：鲜香味

-原 料——

苦瓜300克／鸡腿菇75克／芝麻25克／大葱
15克／白糖1小匙／味精少许／酱油3小匙／
植物油2大匙／料酒、香油各2小匙

-制 作——

① 苦瓜去掉瓜瓤, 用清水浸泡并洗净, 用刮皮刀刮成薄片Ⓐ; 大葱去根和老叶, 洗净, 切成葱花。

② 鸡腿菇用清水洗净, 沥净水分, 用刀面拍一下, 再切成细丝Ⓑ。

③ 净锅置火上, 加入植物油烧热, 放入葱花爆锅出香味Ⓒ, 放入鸡腿菇丝, 用中小火煸炒5分钟至金黄色Ⓓ。

④ 加入料酒、酱油、白糖、味精、香油炒匀, 撒入芝麻炒出香味Ⓔ。

⑤ 出锅晾凉成蘑菇松, 加入苦瓜片调拌均匀, 装盘上桌即可。

操作难度
★★☆☆☆

翠笋拌玉蘑

▶ ─────○──────── TIME / 15分钟 ◁▎▎▎ 　　　　　 口味：鲜咸味 ↖

-原 料—

芦笋300克/口蘑100克/胡萝卜50克/精盐1/2大匙/味精1/2小匙/米醋、香油各1大匙/植物油1小匙

-制 作—

1 芦笋去根、老皮，洗净，斜切成片；口蘑择洗干净，切成小片 **A**；胡萝卜去皮，洗净，也切成片。

2 锅中加入清水、精盐、植物油烧沸，放入口蘑片、胡萝卜片、芦笋片焯烫约2分钟，捞出，用冷水过凉，沥去水分。

3 口蘑片、胡萝卜片和芦笋片放入大碗中 **B**，加入米醋、味精、精盐和香油拌匀，装盘上桌即可。

操作难度
★★☆☆☆

—原 料——

莲藕片300克 / 猪肉末75克 / 水发木耳30克 / 红尖椒、青尖椒、葱末、姜末、蒜蓉各20克 / 精盐、面粉、米醋、淀粉、泡打粉、白糖、酱油、豆瓣酱、料酒、水淀粉、植物油各适量

—制 作——

① 猪肉末加入料酒、精盐、葱末、姜末、淀粉拌匀成馅料**A**；淀粉、面粉、泡打粉、少许清水调匀成稀糊。

② 一片莲藕片，放上猪肉馅，盖上一片藕片成藕夹**B**，挂匀稀糊，放入油锅内炸金黄色**C**，捞出，码盘。

③ 锅留底油烧热，放入豆瓣酱、葱末、蒜瓣、料酒、米醋、酱油、白糖炒匀，放入木耳、青红椒、少许清水烧沸，用水淀粉勾芡，出锅浇在藕夹上即可。

操作难度
★★★☆☆

家常藕夹

TIME / 30分钟

口味：鲜辣味

苦瓜拌蜇头

▶ ━━━━━━○━━━━━━━━ TIME / 25分钟 ◀|||| 口味：姜汁味 ↖

- 原 料 ━━━

水发海蜇头200克 / 苦瓜100克 / 精盐、味精各1/2小匙 / 米醋1大匙 / 姜汁4小匙 / 鲜汤2大匙 / 香油2小匙

- 制 作 ━━━

1 水发海蜇头放入温水中泡透，洗去泥沙及表面盐分，用清水冲净，再切成细丝，放入沸水中焯烫一下，捞出冲凉，沥干水分。

2 苦瓜洗净，剖开去瓤**Ⓐ**，切成薄片**Ⓑ**，用少许精盐略腌，挤去水分，与海蜇头丝一同摆入盘中。

3 精盐、味精、姜汁、米醋、香油、鲜汤放入小碗中调匀成味汁，淋在海蜇头丝和苦瓜上，拌匀即可。

A

B

操作难度

★★☆☆☆

腌拌蒜薹

▶ ━━━━━○━━━━━━ TIME / 120分钟 ◁||||　　　口味：鲜咸味

-原 料-

蒜薹250克 / 熟猪舌150克 / 精盐、味精、花椒粉、生抽、白糖、葱油、红油、泡菜盐水各适量

-制 作-

1 蒜薹用清水洗涤整理干净,放入泡菜盐水中腌泡至入味,捞出,切成3厘米长的段A;熟猪舌切成0.3厘米见方的粗丝。

2 蒜薹段放入沸水锅内焯烫至熟,捞出、过凉,加上熟猪舌丝拌匀B,整齐地摆放入盘内。

3 精盐、味精、花椒粉、白糖、生抽、葱油、红油放小碗内,充分调匀成味汁,淋在蒜薹和猪舌上即成。

操作难度
★★☆☆☆

A

B

—原 料—

排骨500克/莲藕250克/莲子50克/山楂片15克/蒜瓣25克/精盐1小匙/番茄酱1大匙/料酒、酱油、香油各2小匙/白糖、植物油各2大匙

—制 作—

1 将莲藕去外皮、藕节,洗净,切成厚片Ⓐ,放入容器中,加入清水和少许精盐调匀,腌泡5分钟,捞出沥水。

2 排骨漂洗干净,剁成大小均匀的段,放入清水锅内焯烫约2分钟Ⓑ,捞出沥水。

3 锅中加油烧热,下入蒜瓣稍炒,放入排骨块和白糖煸炒至上色Ⓒ。

4 加入山楂片、清水(淹没排骨)、番茄酱、精盐、白糖、料酒、酱油煮沸Ⓓ。

5 放入藕片和莲子Ⓔ,盖上盖,转中小火焖15分钟,改用旺火收浓汤汁,淋入香油,出锅装盘即成。

操作难度
★★★☆☆

▶ ━━━━●━━━━━━ TIME / 45分钟 ◀❚❚❚

DVD 双莲焖排骨

口味：酸甜味

一看就会
大众菜

-原 料——

水发腐竹300克／芹菜50克／姜末5克／精盐、味精各1小匙／辣椒油、香油各1大匙

-制 作——

① 水发腐竹洗净,切成3厘米长的小段**A**,再放入沸水锅中焯烫一下,捞出、过凉,挤干水分。

② 芹菜去根和叶,留嫩芹菜茎,洗净,切成3厘米长的段,放入沸水锅内,加上少许精盐焯3分钟,捞出,用冷水过凉,沥净水分。

③ 将腐竹段放入大碗中,加入姜末、精盐、味精、辣椒油、香油调拌均匀,再放入芹菜段**B**拌匀即可。

操作难度

★☆☆☆☆

芹菜拌腐竹

▶ ━━━●━━━━━━ TIME / 15分钟 ◁||||

口味：鲜咸味

蜜汁地瓜

TIME / 30分钟 ◀||||

口味：香甜味

-原 料-

地瓜500克／白糖5小匙／麦芽糖、蜂蜜各4小匙／糖桂花酱2小匙／植物油少许

-制 作-

① 将地瓜削去外皮，用清水洗净，切成小墩状，放入盆中，加入白糖拌匀Ⓐ，腌渍2小时。

② 净锅置火上，放入植物油烧至六成热，下入少许白糖炒上色，加入蜂蜜、麦芽糖、糖桂花酱、白糖和适量清水煮沸。

③ 撇去浮沫和杂质，下入地瓜墩Ⓑ，转小火烧焖至地瓜熟软、汤汁浓稠时，出锅装盘即可。

操作难度
★★☆☆☆

—原 料——

猪肉皮200克／胡萝卜50克／香干、青豆各少许／葱段、姜片、桂皮、八角、香叶各少许／精盐2小匙／白糖1大匙／料酒2大匙／酱油、胡椒粉各1小匙

—制 作——

① 猪肉皮去掉白膘，洗净，切成丝A；胡萝卜去皮，洗净，切成小丁；香干也切成小丁。

② 净锅置火上，放入清水、葱段、姜片、桂皮、八角、香叶、精盐、白糖、料酒、酱油、胡椒粉煮10分钟B，捞出配料，放入猪皮丝，倒入高压锅内压30分钟。

③ 放入胡萝卜丁、香干丁、青豆调匀，出锅倒在容器内C，晾凉后切成条块，装盘上桌即可。

操作难度
★★★☆☆

肉皮冻

TIME / 75分钟

口味：鲜咸味

-原 料——

娃娃菜600克 / 培根腌肉75克 / 姜片5克 / 精盐、味精各1/2小匙 / 鸡汤500克 / 浓缩鸡汁、植物油各1大匙

-制 作——

① 将娃娃菜去根, 洗净, 切成4瓣🅰; 培根腌肉洗净, 切成2厘米宽的片🅱; 把娃娃菜、培根腌肉分别放入沸水中焯透, 捞出沥干。

② 坐锅点火, 加上植物油烧至四成热, 下入姜片炒香, 添入鸡汤, 放入娃娃菜、腌肉煮至沸。

③ 用中火煮5分钟, 加入精盐、味精、浓缩鸡汁调好口味, 出锅上桌即成。

操作难度
★★☆☆☆

A

B

鸡汁娃娃菜

▶ ━━━━━○━━━━━━━ TIME / 25分钟 ◁▮▮▮ 　　口味: 鲜咸味 ↖

青木瓜炖鸡

▶ ⚪━━━━━━━━━━━━ TIME / 60分钟 ◁▮▮▮

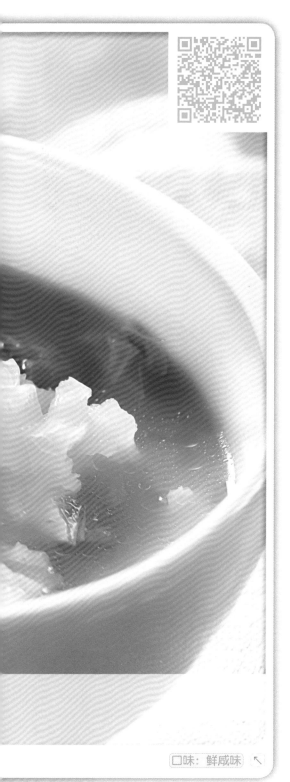

-原 料-

鸡腿200克／青木瓜100克／银耳30克／杏仁、柠檬片各25克／姜片20克／精盐2小匙／淀粉2大匙／料酒1大匙

-制 作-

① 青木瓜去皮，洗净，切成小块Ⓐ；银耳泡好，撕成小朵。

② 鸡腿去骨及皮，洗净，切成小块Ⓑ，加入少许精盐、淀粉抓匀上浆。

③ 锅中加入适量清水烧沸，放入鸡肉块焯烫一下Ⓒ，捞出沥干。

④ 砂锅内加入适量清水，置火上烧热，放入鸡肉、姜片、银耳、木瓜块、杏仁、柠檬片烧沸Ⓓ。

⑤ 加入精盐、料酒，转小火炖约40分钟至熟透Ⓔ，出锅装碗即成。

口味：鲜咸味

操作难度
★★☆☆☆

银耳大枣莲子羹

TIME / 75分钟　口味：香甜味

-原 料—

莲子150克 / 银耳50克 / 大枣5枚 / 冰糖100克

-制 作—

1 银耳放入小盆中, 加入温水浸泡, 使其充分发透, 去蒂、洗净, 撕成小朵A, 放入清水锅内, 用中小火熬煮30分钟至软烂B, 捞出沥水。

2 莲子放入锅中, 加入清水煮至熟透, 捞出, 用牙签去除莲心C; 大枣洗净, 去核。

3 锅中加入适量清水、冰糖烧沸, 转小火熬成糖汁, 滤出杂质, 放入大枣煮至熟烂, 倒入大碗中, 然后放入莲子及银耳搅匀即可。

操作难度
★★☆☆☆

-原 料——

鸭腿200克/酸梅20克/冬瓜100克/榨菜丝30克/荷叶1张/葱段、姜块各20克/味精1/2小匙/
胡椒粉少许/白糖1小匙/蚝油2小匙/精盐、酱油、香油各适量

-制 作——

① 话梅去核Ⓐ，洗净；荷叶洗净，铺在盘底；冬瓜去
皮，洗净，切成厚片Ⓑ，码放在荷叶盘中。

② 鸭腿洗净，剔去筋膜及骨头Ⓒ，切成小块，放入碗
中，加入姜块、精盐、白糖、酱油腌渍20分钟。

③ 鸭腿肉加上酸梅、榨菜丝、胡椒粉、味精、蚝油、香油
抓拌均匀，放入冬瓜盘中Ⓓ，入笼蒸约20分钟，取出
后撒上葱段，淋入烧热的香油，即可上桌食用。

酸梅冬瓜鸭

▶ ━━━━━○━━━━━━━ TIME / 60分钟 ◀ıııı   口味：酸甜味 ↖

风味豆腐花

TIME / 25分钟 ◁▮▮▮

口味：鲜咸味

-原 料—

豆腐500克 / 松花蛋2个 / 海米、熟芝麻各10克 / 熟花生米、香菜各5克 / 葱末、姜末各5克 / 精盐1/2小匙 / 鸡精、香油各少许 / 辣椒油1小匙 / 高汤500克

-制 作—

① 豆腐洗净，切成小块Ⓐ，放入葱末、姜末、沸水锅中焯烫一下，捞出沥水，放入盘中；香菜、海米分别洗净，均切成末；松花蛋去皮，洗净，切成小粒Ⓑ。

② 净锅置火上烧热，加入高汤、精盐、鸡精烧沸，淋入香油、辣椒油烧沸。

③ 放入豆腐块，用小火炖至入味，撒上香菜末、花生米、熟芝麻、海米末、松花蛋粒，出锅装碗即可。

操作难度
★★☆☆☆

A
B

清烩苦瓜排骨

TIME / 60分钟 ◁▮▮▮▮   口味：鲜咸味 ↖

---原 料---

猪排骨400克 / 苦瓜1根（约150克）/ 精盐1小匙 / 料酒1大匙 / 香油2小匙

---制 作---

① 将猪排骨洗净，剁成小段，放入清水锅中烧沸，焯烫出血水❹，捞出、洗净；苦瓜洗净，剖开去瓤，切成大块❸。

② 将排骨段放入炖盅内，加入适量清水、料酒，入锅用旺火蒸20分钟。

③ 再放入苦瓜块，续蒸20分钟，然后加入精盐调味，淋入香油，取出上桌即可。

操作难度
★★☆☆☆

B

-原 料-

小平鱼500克/红椒圈20克/大葱、姜块各
10克/精盐1小匙/味精1/2小匙/五香粉4
小匙/花椒少许/白糖1大匙/米醋2小匙/
酱油5小匙/料酒2大匙/植物油适量

-制 作-

① 大葱择洗干净,切成细丝;姜块去皮,洗净,切成小片;平鱼洗涤整理干净,剞上斜刀,放入碗中Ⓐ。

② 加入花椒、精盐、味精、料酒、姜片、葱丝拌匀,腌渍20分钟Ⓑ。

③ 锅中加入适量清水、花椒、五香粉、酱油、白糖、米醋烧沸Ⓒ。

④ 加入料酒、葱丝、姜片、红椒圈熬煮至汤汁剩余1/2时,关火成味汁。

⑤ 锅中加油烧热,放入小平鱼炸酥Ⓓ,再放入调好的味汁中Ⓔ浸泡几分钟,捞出装盘,撒上红椒圈即可。

操作难度
★★★★★

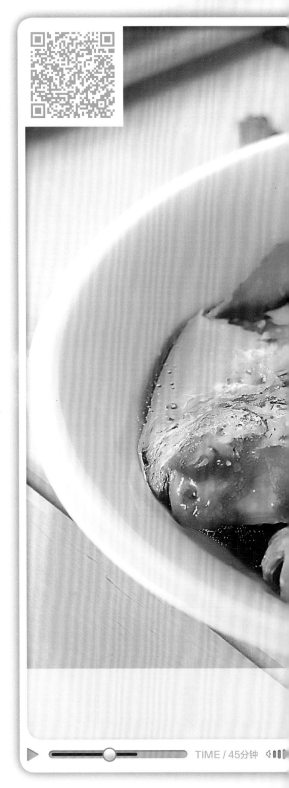

TIME / 45分钟

酥醉小平鱼

口味：酒香味

-原 料——
山药300克/山楂50克/蜜枣25克/白糖150克/蜂蜜3大匙

-制 作——

操作难度
★★☆☆☆

1 将山药去根,削去外皮,洗去黏液,切成滚刀块Ⓐ,放入沸水锅中焯透Ⓑ,捞出、冲凉;山楂洗净,同蜜枣均切成小块。

2 净锅置火上,加入适量清水烧热,放入白糖、蜂蜜烧煮至沸。

3 放入山药块、山楂块、蜜枣块,白糖和蜂蜜,再沸后改用小火烩至汤汁浓稠,出锅装碗即可。

山药烩时果

TIME / 25分钟 ◀▮▮▮

口味:香甜味

冬菜蒸鳕鱼

TIME / 15分钟

口味：鲜咸味

-原 料-

鳕鱼肉1块（约250克）/冬菜100克/香葱末5克/精盐、鸡精各1/2小匙/胡椒粉少许/香油、淀粉各1小匙

-制 作-

① 将鳕鱼肉块洗涤整理干净，擦净水分，切成2厘米厚的大片Ⓐ；冬菜洗净，剁成碎末Ⓑ，加入鸡精、淀粉、香油拌匀。

② 将鳕鱼肉放入大盘中，均匀地涂抹上少许精盐、胡椒粉，腌渍3分钟。

③ 放上拌好的冬菜，上屉旺火蒸8分钟至熟，取出、装盘，撒上香葱末即可。

操作难度
★★☆☆☆

-原 料——

净鲫鱼1条／凉粉150克／黄瓜丝、黄豆芽各30克／洋葱块、柠檬片、花生碎各少许／葱段、葱花、姜末、蒜末、精盐、味精、白糖、豆豉、柠檬汁、酱油、米醋、香油各适量

-制 作——

① 净鲫鱼洗净，在背部剞一刀，放入清水锅内，加上精盐、葱段、洋葱块、柠檬片煮至熟嫩Ⓐ，捞出。

② 小碗内放入葱花、姜末、蒜末、精盐、白糖、酱油、米醋、豆豉、香油、柠檬汁、味精调匀成味汁Ⓑ。

③ 黄豆芽放入沸水锅内焯烫一下Ⓒ，捞出沥干，装入盘中，放上黄瓜丝和切成小条的凉粉，摆上煮熟的鲫鱼，浇淋上味汁，撒上花生碎，即可上桌食用。

操作难度
★★★☆☆

凉粉鲫鱼

▶ ⬤ TIME / 40分钟 ◁▮▮▮ 　　口味：鲜香味 ↖

-原料——

活基围虾300克／葱段30克／姜片15克／蒜蓉20克／精盐、味精、酱油各1小匙／白糖1/2小匙／椒麻糊1大匙／香油2小匙／白酒、辣椒油、鲜汤各2大匙

-制作——

1 活基围虾放入淡盐水中浸泡，使基围虾吐净泥沙，再换清水冲净，装入碗中，加入葱段、姜片、白酒拌匀，醉腌6小时成醉虾B。

2 取味碟两个，一个放入蒜蓉、精盐、酱油、味精、白糖、辣椒油、香油调匀，制成蒜蓉味汁。

3 另一个放入椒麻糊、精盐、酱油、鲜汤、味精、香油调匀，制成椒麻味汁；一同随醉虾上桌即可。

操作难度
★☆☆☆☆

两味醉虾

TIME / 6分钟　◀▌▌▌

口味：酒香味

茄汁大虾

▶ ━━━━━●━━━━━ TIME / 20分钟 ◀❚❚❚❚ 　　　口味：茄汁味 ↖

-原 料———

大虾500克／姜丝15克／精盐少许／白糖、水淀粉各3大匙／番茄酱200克／植物油500克（约耗50克）

-制 作———

① 将大虾从背部划开 Ⓐ，去掉虾线，剪去虾枪，洗净，用干净的软布拭干水分，放入烧至七成热的油锅内炸至虾皮酥脆 Ⓑ，捞出沥油。

② 番茄酱放入小碗中，加入精盐、白糖、水淀粉、少量清水搅拌均匀成番茄味汁。

③ 锅置火上，加入植物油烧热，下入姜丝炝锅，放入大虾，倒入番茄味汁，小火烧至入味，出锅装盘即可。

操作难度
★★★☆☆

Part 3
重点养肺秋季菜

鸡蓉南瓜扒菜心

TIME / 40分钟

黑椒肥牛鸡腿菇

口味：黑椒味

-原料——

山药300克／彩椒6个／鸡蛋清1个／精盐、鸡精、白糖、酱油、淀粉、香油、料酒、鲜汤、植物油各适量

-制作——

1 彩椒去蒂、去籽及内筋，洗净，切成小段Ⓐ；山药去皮，洗净，切成小块Ⓑ，上笼蒸熟，取出晾凉，捣成蓉，加入精盐搅匀；鸡蛋清加入淀粉调匀成糊。

2 将彩椒段内部涂上鸡蛋清糊，酿入山药蓉泥，码入盘中，上笼旺火蒸6分钟，取出。

3 锅置火上，加入鲜汤、精盐、鸡精、白糖、酱油、料酒煮沸，淋上香油，出锅浇在彩椒段上即可。

操作难度
★★★☆☆

彩椒山药

TIME / 40分钟

口味：鲜咸味

金蒜肉碎茄子

▶ ─────●──────────── TIME / 25分钟 ◁▮▮▮▮　　　　　口味：鲜咸味 ↖

-原 料—

茄子250克／五花肉末100克／青椒、红椒各30克／大葱、姜块各10克／蒜蓉20克／精盐、胡椒粉、蚝油各1小匙／酱油、淀粉各2大匙／料酒、植物油各适量

-制 作—

① 茄子去蒂, 洗净, 去皮, 切成长条状 Ⓐ; 青椒、红椒去蒂、去籽, 切成碎末; 大葱、姜块洗净, 切成末。

② 净锅置火上, 加上少许植物油烧热, 下入五花肉末、葱末、姜末炒香, 加入蒜蓉、精盐、胡椒粉、蚝油、酱油、料酒炒匀, 出锅成料汁。

③ 锅内加入植物油烧热, 把切好的茄子沾上淀粉, 放入油锅内炸至金黄 Ⓑ, 捞出装盘, 淋入料汁即可。

操作难度
★★★☆☆

-原 料——

鸡肉块500克 / 鲜香菇25克 / 青椒块、红椒块各少许 / 鸡蛋1个 / 葱段、姜片、蒜片各25克 / 花椒粒、干辣椒各少许 / 胡椒粉、白糖、料酒、酱油、蚝油、淀粉、植物油各适量

-制 作——

1 鲜香菇洗净,切成块Ⓐ;鸡肉块放入碗中,加入蚝油、酱油、料酒、胡椒粉、鸡蛋、淀粉拌匀Ⓑ。

2 锅置火上,加入植物油烧热,下入葱段、姜片、蒜片、花椒粒、干辣椒炸出香味,放入鸡肉煸炒片刻Ⓒ。

3 放入香菇块和适量清水烧沸,盖上盖焖约10分钟至鸡块近熟,放入青椒块、红椒块、白糖炒匀,倒入砂锅内,置火上加热,淋入料酒,离火上桌即可。

操作难度
★★☆☆☆

烧鸡公

TIME / 35分钟

口味:鲜辣味

-原 料——

紫茄子250克 / 土豆200克 / 香菜20克 / 大葱50克 / 大豆酱2大匙

-制 作——

操作难度

★★☆☆☆

① 紫茄子去蒂, 洗净, 斜切成大片A; 土豆洗净, 削去外皮, 切成1厘米见方的丁B; 大葱去皮及根, 洗净, 切成丝; 香菜择洗干净, 切成2厘米长的段。

② 紫茄子片呈放射状围摆在盘子的外侧, 土豆丁堆放在盘子中间, 放入蒸锅内, 盖上锅盖, 用大火烧沸, 蒸约8分钟至熟烂, 取出。

③ 茄子土豆丁撒上葱丝、香菜段, 浇上大豆酱调拌均匀, 即可上桌食用。

豆酱拌茄子

▶ ○─────────── TIME / 15分钟 ◀❙❙❙❙   口味: 酱香味

醪糟腐乳翅

▶ ━━━○━━━━━━ TIME / 40分钟 ◁▮▮▮▮

□味：鲜咸味

—原 料—

鸡翅中500克/水发香菇、冬笋各25克/葱
段、姜片各10克/精盐、味精各少许/醪糟
2大匙/白糖1小匙/酱油、料酒各1大匙/
红腐乳1块/植物油适量

—制 作—

① 鸡翅中洗净杂质，放在碗内，加入葱
段、姜片、精盐、酱油、料酒、味精拌
匀，腌渍10分钟Ⓐ。

② 冬笋洗净，切成小块；水发香菇去
蒂，每个切成两半Ⓑ。

③ 锅置火上，加入植物油烧热，放入鸡
翅冲炸至上色Ⓒ，捞出沥油；再把冬
笋块放入油锅内冲炸一下，取出。

④ 锅中留底油烧热，加入腌鸡翅的葱
段、姜片炝锅，加入料酒、醪糟、红
腐乳、酱油、白糖、清水煮沸。

⑤ 放入鸡翅Ⓓ，加入冬笋、香菇调匀Ⓔ，
用小火烧至入味，出锅装盘即可。

操作难度
★★★★

香菇时蔬炖豆腐

TIME / 125分钟 ◀▐▐▐▐

口味：鲜咸味

-原料-

豆腐1块/水发香菇50克/胡萝卜少许/葱末、姜末各5克/精盐、味精各1/2小匙/酱油1大匙/花椒粉、香油、植物油、清汤各适量

-制作-

1 水发香菇去蒂，洗净，切成小块；豆腐洗净，切成小块A；胡萝卜去皮，洗净，切成象眼片。

2 锅置火上，加入清水烧沸，分别放入胡萝卜片、豆腐块、香菇块焯至透B，捞出沥干。

3 锅中加入植物油烧热，下入葱末、姜末、花椒粉炝锅，添入清汤，放入豆腐、香菇、胡萝卜、酱油、精盐烧沸，转小火炖至入味，调入味精，淋入香油即可。

操作难度
★★★☆☆

A

B

-原 料--

北豆腐300克／面包糠150克／鸡蛋2个／鸡蛋黄1个／葱末、姜末各10克／面粉3大匙／精盐、五香粉各1小匙／味精少许／植物油适量

-制 作--

1 北豆腐片去老皮，放在容器内搅成碎末Ⓐ，加上葱末、姜末、鸡蛋黄、精盐、五香粉、少许面粉和味精搅拌均匀成豆腐蓉Ⓑ。

2 豆腐蓉团成直径3厘米大小的丸子，滚上一层面粉，裹匀鸡蛋液，粘上面包糠并轻轻压实成生坯。

3 锅置火上，加入植物油烧热，放入丸子生坯，用中火炸至色泽金黄Ⓒ，捞出沥油，上桌即可。

操作难度

★★☆☆☆

吉利豆腐丸子

TIME / 15分钟

口味：鲜咸味

豉香排骨煲

▶ ━━━━━━━●━━━━━━━ TIME / 60分钟 ◀||||　　　口味：豉香味

-原 料-

猪排骨500克／土豆150克／青菜50克／姜片、葱段、干辣椒各10克／精盐1小匙／味精、鸡精各1大匙／胡椒粉、料酒、酱油、香油各2小匙／豆豉3大匙／植物油、鲜汤各适量

-制 作-

① 猪排骨洗净Ⓐ，剁成小段Ⓑ，洗净；土豆去皮，切成滚刀块；豆豉剁碎；青菜择洗干净，切成段。

② 锅中加入植物油烧热，先下入土豆块炸至上色，捞出；再放入排骨段炸至断生Ⓒ，捞出沥油。

③ 锅留底油，下入姜片、葱段和干辣椒炸香，放入豆豉略炒，加入鲜汤、调料煮沸，倒入砂锅中，放入排骨段，小火炖至软烂时，放入青菜段，淋入香油即可。

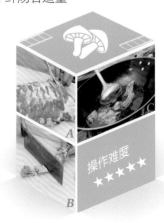

操作难度
★★★★★

香卤猪蹄

▶ ━━━━●━━━━━━ TIME / 90分钟 ◁▮▮▮▮   口味：鲜咸味 ↖

-原 料-

猪蹄1000克 / 葱段、姜片各适量 / 精盐1大匙 / 味精1/2小匙 / 糖色2大匙 / 老抽少许 / 红曲粉5克 / 卤水、香油各适量

-制 作-

① 将猪蹄装入盆内A，加入适量热水浸泡40分钟，用刀刮洗皮面绒毛，去掉蹄甲，洗净B。

② 锅内加入清水和红曲粉煮5分钟呈红色，放入猪蹄，煮至表皮呈红色，捞出。

③ 锅中加入卤水、葱段、姜片、精盐、味精、糖色、老抽熬煮成卤汁，放入猪蹄，用小火卤至猪蹄熟烂，取出晾凉，刷上香油，剁成大块即可。

操作难度
★★☆☆☆

-原 料——

仔鸭1只(约500克)/红枣35克/大葱、姜块各
10克/精盐2小匙/冰糖20克/老抽适量/花
雕酒2大匙

-制 作——

① 红枣用温水浸泡片刻, 取出、冲净,
去掉枣核。

② 仔鸭洗涤整理干净Ⓐ, 剁成小块, 放
入清水锅中焯烫一下, 捞出沥水。

③ 将大葱择洗干净, 切成小段; 姜块去
皮, 洗净, 切成小片。

④ 鸭肉放入锅中炒干水分Ⓑ, 放入葱
段、姜片煸炒出香味Ⓒ, 加入花雕酒、
老抽、冰糖及泡红枣的水煮沸Ⓓ。

⑤ 改用小火炖至鸭肉熟烂, 放入红枣,
加入精盐调味Ⓔ, 出锅装盘即可。

操作难度
★★★★★

TIME / 75分钟

红枣花雕鸭

口味：清香味

-原 料——

水发牛蹄筋350克／白萝卜250克／胡萝卜100克／葱段10克／姜片5克／精盐、味精、鸡精各1小匙／老汤适量

-制 作——

① 水发牛蹄筋洗净，放入清水锅中，加入葱段、姜片煮20分钟，关火后浸泡20分钟，捞出晾凉，切成条Ⓐ。

② 白萝卜、胡萝卜分别去皮，洗净，均切成菱形小块，放入沸水锅中焯透Ⓑ，捞出沥水。

③ 锅置火上，加入老汤，放入牛蹄筋条、白萝卜块、胡萝卜块烧沸，再加入精盐、味精、鸡精，转小火炖至入味，出锅盛入碗中即可。

操作难度
★★★☆☆

牛蹄筋炖萝卜

▶ ━━━━◯━━━━ TIME / 90分钟 ◀▎▎▎▎ 　　口味：鲜咸味 ↖

牛肉鸭蛋汤

▶ ────────○──────── TIME / 25分钟 ◀▮▮▮ 　　　　口味：鲜咸味 ↖

-原 料──

鸭蛋2个/牛肉100克/精盐适量/味精、料酒各2小匙/胡椒粉1小匙/水淀粉1大匙

-制 作──

① 鸭蛋磕入大碗中，用筷子打散成鸭蛋液 Ⓐ；牛肉剔去筋膜，用清水洗净，切成小条。

② 净锅置火上，加入适量清水，放入牛肉条烧沸，撇去浮沫，再转小火煮至牛肉条熟嫩。

③ 然后加入精盐、味精、胡椒粉，继续用小火煮至入味，淋入鸭蛋液 Ⓑ 和水淀粉并烧沸，加入料酒调匀，出锅装碗即可。

操作难度
★★☆☆☆

-原 料——

熟鹌鹑蛋400克／百叶结150克／腊肉丁100克／青椒条、红椒条各25克／蒜瓣10克／精盐、白糖、胡椒粉、酱油、水淀粉、香油、植物油各适量

-制 作——

① 熟鹌鹑蛋加上少许精盐、酱油拌匀至上色，放入油锅内煎炸至琥珀色A，加入蒜瓣，转小火稍煎一下，放入腊肉丁煎出油B。

② 放入百叶结炒匀，倒入适量清水，放入酱油、精盐、白糖和胡椒粉烧煮至沸。

③ 盖上锅盖，转小火焖5分钟，放入青椒条、红椒条炒匀C，用水淀粉勾芡，淋上香油，出锅装盘即成。

操作难度
★★★☆☆

百叶结虎皮蛋 DVD

TIME / 25分钟

口味：鲜咸味

-原 料——

羊肝500克 / 青笋50克 / 葱段20克 / 辣椒粉1小匙 / 辣椒油2小匙 / 精盐、味精、花椒粉、生抽
各1/2小匙 / 花椒油、胡椒粉、陈醋、料酒、香油、植物油各适量

-制 作——

① 羊肝洗净, 切成块, 下入沸水锅中焯烫一下, 捞出、切成大片, 放入油锅中, 加入葱段炒至熟Ⓐ, 取出。

② 青笋去皮, 洗净, 切成小片Ⓑ, 用沸水焯烫一下, 再加入少许精盐拌匀, 装入盘中。

③ 羊肝片放在容器内, 加上精盐、味精、辣椒油、花椒粉、花椒油、胡椒粉、香油、陈醋、生抽、辣椒粉、料酒调拌均匀, 码在青笋片上即可。

操作难度
★★☆☆☆

麻辣羊肝

▶ ⬤━━━━━━━━━━━━ TIME / 25分钟 ◀▮▮▮▮ 　　　　口味: 麻辣味 ↖

豉椒粉丝蒸扇贝

DVD

TIME / 25分钟

口味：鲜咸味

-原 料-

扇贝500克 / 粉丝50克 / 小红尖椒25克 / 葱花15克 / 精盐1小匙 / 鱼露1大匙 / 豆豉1/2大匙 / 料酒适量 / 植物油2大匙

-制 作-

① 扇贝刷洗干净，用小刀沿扇贝一侧将扇贝肉与贝壳分开Ⓐ，再把扇贝肉放入淡盐水中浸泡并洗净，沥净水分。

② 红尖椒去蒂，用清水洗净，沥净水分，切成碎粒；粉丝用温水浸泡至发涨，捞出沥水，剪成小段Ⓑ。

③ 锅内加入植物油烧热，放入豆豉炒出香味Ⓒ，倒入鱼露，加入粉丝段，烹入料酒翻炒均匀，出锅。

④ 把炒好的粉丝放在扇贝肉上Ⓓ，再放入扇贝壳内，放入蒸锅内Ⓔ，用旺火蒸10分钟，取出。

⑤ 扇贝上撒上辣椒碎和葱花，再淋上烧热的植物油炝出香味即可。

操作难度
★★★☆☆

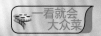

鸡肝炒什锦

▶ ━━━━━○━━━━━━ TIME / 20分钟 ◁▮▮▮▮ 　　口味：鲜咸味 ↖

-原 料━━

鸡肝350克 / 水发木耳100克 / 青椒片、红椒片各30克 / 花椒、蒜末各5克 / 精盐、鸡精、胡椒粉、苹果醋各1小匙 / 植物油2大匙

-制 作━━

① 鸡肝洗净，放入锅内**Ⓐ**，加入清水、花椒煮熟，捞出沥水，切成小块**Ⓑ**，加入少许精盐、胡椒粉拌匀，腌渍15分钟。

② 锅中加入植物油烧至六成热，放入鸡肝块煸炒，再放入青椒片、红椒片、蒜末、水发木耳略炒。

③ 加入精盐、鸡精、胡椒粉、苹果醋，用旺火炒至入味，出锅装盘即可。

操作难度
★★☆☆☆

-原 料——

净鳝鱼400克／冬笋150克／青椒块、红椒块各50克／姜末10克／蒜片50克／精盐2小匙／味精1小匙／白醋少许／白糖1大匙／酱油2大匙／胡椒粉少许／料酒、水淀粉、植物油各适量

-制 作——

操作难度
★★★☆☆

① 净鳝鱼切成小段**Ⓐ**，放入热油锅内炸至变色**Ⓑ**，捞出沥油；切成小片；冬笋去皮，洗净，切成小块。

② 锅中加入植物油烧至六成热，下入蒜片、姜末炒出香味，放入冬笋块、青椒块、红椒块略炒一下**Ⓒ**。

③ 烹入料酒，加入酱油炒匀，放入炸好的鳝鱼段，加入精盐、味精、胡椒粉、白糖调好口味，再用水淀粉勾芡，淋入白醋，出锅装盘即成。

蒜烧鳝鱼 🅓🅥🅓

▶ ━━━━●━━━━━ TIME / 30分钟 ◀❚❚❚❚ 　　口味：蒜香味 ↖

板鸭草鱼煲

TIME / 45分钟　◀▮▮▮▮

口味：鲜咸味　↖

-原 料——

草鱼段300克 / 板鸭半只 / 香菜段少许 / 葱段、姜片各10克 / 精盐、味精、料酒、胡椒粉、米酒、香油各2小匙 / 鸡精1小匙 / 熟猪油3大匙

-制 作——

① 板鸭洗净，剁成骨牌块Ⓐ；草鱼中段洗净，切成小块，加入精盐、料酒拌匀，腌约5分钟。

② 锅置火上，加入熟猪油烧热，放入鱼块煎至上色，再加入姜片、葱段、米酒、板鸭块翻炒片刻Ⓑ。

③ 添入清水烧沸，用大火炖5分钟至汤汁乳白，加入精盐、味精、鸡精和胡椒粉，转中火续炖5分钟至熟嫩入味，出锅装碗，淋入香油，撒上香菜段即成。

操作难度
★★★☆☆

苏式熏鱼

▶ ──────○────── TIME / 200分钟 ◁▮▮▮▮ 　　　　口味: 鲜咸味 ↖

-原 料——

净草鱼中段500克 / 葱段25克 / 姜片20克 / 八角3个 / 酱油3大匙 / 料酒2大匙 / 白糖4大匙 / 五香粉1大匙 / 味精少许 / 香油1/2大匙 / 植物油750克(约耗100克)

-制 作——

① 净草鱼中段洗净, 擦净水分, 切成斜块Ⓐ, 加入葱段、姜片、酱油、料酒和精盐拌匀Ⓑ, 腌30分钟。

② 净锅置火上, 加入植物油烧至六成热, 倒入腌好的草鱼块炸至酥香, 捞出沥油。

③ 锅内留底油烧热, 放入八角、酱油、白糖、五香粉、味精和清水煮成卤汁, 离火, 放入鱼块拌匀, 浸泡至入味, 捞出装盘, 淋上香油和少许卤汁即可。

操作难度
★★☆☆☆

-原 料—

黑鱼750克 / 木耳25克 / 枸杞子20克 / 香菜
15克 / 鸡蛋清1个 / 姜末10克 / 精盐2小匙 /
白糖、水淀粉、淀粉各少许 / 香糟卤适量 /
植物油1大匙

-制 作—

① 黑鱼剔去鱼骨 **A**，取净鱼肉 **B**，洗净血
污，擦净水分 **C**，加上姜末、精盐、白
糖、淀粉和鸡蛋清拌匀，腌渍入味 **D**。

② 木耳用温水浸泡至发涨，去掉菌蒂，
撕成块，放入沸水锅内焯烫一下，捞
出沥水；枸杞子、香菜分别洗净。

③ 锅内加上清水烧沸，放入木耳、鱼肉
片烫至熟嫩，捞出沥水，放在盘内。

④ 净锅置火上，放入植物油烧至六成
热，下入姜末煸炒出香味 **E**。

⑤ 加入枸杞子、香糟卤、精盐、白糖熬
至浓稠，出锅浇淋在鱼片上，再放上
香菜，上桌即可。

操作难度
★★★☆☆

TIME / 30分钟

Part 4
养肾滋补冬季菜

土豆丸子地三鲜

TIME / 30分钟

口味：鲜咸味

- 原 料 ——

土豆200克／茄子100克／青、红椒各1个／鸡蛋2个／葱末、姜末、蒜末各5克／精盐、味精、淀粉各1小匙／面粉、米醋各2小匙／胡椒粉、白糖各少许／酱油、料酒、植物油各适量

- 制 作 ——

① 茄子去皮，洗净，切成大块Ⓐ，在表面剞上花刀；青椒、红椒去蒂及籽，洗净，切成小条Ⓑ。

② 土豆洗净，放入清水锅内煮熟，捞出晾凉，剥去外皮，压成泥，加上鸡蛋、淀粉、面粉、精盐搅匀Ⓒ。

③ 葱末、姜末、蒜末、酱油、料酒、胡椒粉、白糖、米醋放入碗中搅匀成味汁。

④ 锅中加油烧热，将土豆泥捏成丸子，放入油锅中炸透Ⓓ，捞出沥油；再放入茄子块炸至熟嫩Ⓔ，捞出。

⑤ 锅中放入味汁和味精烧沸，用水淀粉勾芡，放入土豆球、茄子、青、红椒块炒匀，撒上蒜末，出锅装盘即可。

操作难度
★★☆☆

蒜薹炒腊肉

▶ ────●──────── TIME / 20分钟 ◀▮▮▮

口味：鲜咸味

-原 料——

蒜薹400克 / 腊肉100克 / 姜末5克 / 精盐、味精、香油各1/2小匙 / 植物油2大匙

-制 作——

① 腊肉洗净，切成细条Ⓐ，放入大碗内，入锅隔水蒸至透，然后下入沸水锅中焯去咸味Ⓑ，捞出沥干；蒜薹去根，洗净，切成小段Ⓒ。

② 净锅置火上，加上植物油烧至六成热，先下入姜末炒出香味，再放入腊肉条炒匀。

③ 加入蒜薹段，旺火炒至断生，加入精盐、味精翻炒至入味，淋入香油，出锅装盘即可。

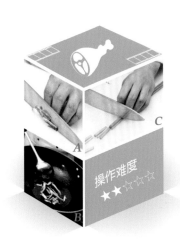

操作难度
★★☆☆☆

-原 料——

土豆200克／培根100克／洋葱、芹菜各50克／精盐2小匙／黑胡椒1小匙／味精少许／白兰地酒2大匙／黄油4小匙

-制 作——

① 土豆去皮，洗净，剞上蓑衣花刀Ⓐ，撒上精盐腌渍片刻；洋葱、芹菜切成细末Ⓑ；培根切成小片。

② 培根片夹在切好的土豆缝隙里Ⓒ，放在锡箔纸上，抹匀黄油，包好后放入电饼铛中烤熟，取出、装盘。

③ 锅内放入黄油炒至熔化，放入培根片、芹菜、洋葱略炒，加入黑胡椒、精盐、味精炒出香味，烹入白兰地酒，出锅装入烤好的培根土豆片盘中即可。

操作难度
★★★☆☆

风琴土豆片

▶ TIME / 25分钟

口味：鲜香味

炸素鸡排

▶ ━━━━━━●━━━━━━━━━━ TIME / 25分钟 ◀‖‖‖ 　　　　口味：鲜咸味 ↖

-原料-

蒸熟山药400克 / 鸡蛋清、豆腐皮各50克 / 冬菇、冬笋、茄把、馒头末各25克 / 葱末15克 / 味精少许 / 精盐1小匙 / 甜面酱、淀粉各3大匙 / 植物油适量

-制作-

① 蒸熟山药去皮，压成泥；冬菇、冬笋分别洗净，切成丁 **Ⓐ**，加入葱末、味精、精盐、鸡蛋清调匀；将鸡蛋清与淀粉、精盐拌成蛋清糊。

② 豆腐皮切成椭圆形片，放入调好的山药泥，再覆盖一张豆腐片，然后插入茄把，做成"鸡排" **Ⓑ**。

③ 将鸡排沾上蛋清糊，裹匀馒头末，放入热油中炸成金黄色，捞出装盘，与甜面酱一同上桌即可。

操作难度
★★★☆☆

A

B

冬瓜八宝汤

▶ ━━━━━━━━━━ TIME / 40分钟 ◄|||| 　　　　　　口味: 鲜咸味 ↖

-原 料-

冬瓜300克 / 猪肉100克 / 虾仁75克 / 干贝50克 / 胡萝卜20克 / 干香菇3朵 / 葱段15克 / 精盐1小匙 / 胡椒粉少许

-制 作-

① 冬瓜洗净, 去皮及瓤, 切成小块; 胡萝卜洗净, 去皮, 切成滚刀块Ⓐ; 虾仁去除沙线, 洗净。

② 猪肉洗净, 切成大片; 干香菇泡软、去蒂、切成小块; 干贝用清水泡软, 捞出、沥水。

③ 锅中加入适量清水, 先下入干贝、虾仁、猪肉片、香菇、冬瓜、胡萝卜旺火烧沸Ⓑ, 再转小火煮15分钟, 加入精盐、胡椒粉煮匀, 撒上葱段即可。

操作难度
★★★☆☆

-原 料——

鲜香菇300克 / 冬笋100克 / 韭黄段70克 / 水发木耳40克 / 青椒丝、红椒丝各20克 / 葱丝、姜丝各15克 / 精盐、胡椒粉各1小匙 / 白糖3小匙 / 豆瓣酱4大匙 / 料酒5小匙 / 酱油2小匙 / 陈醋、淀粉、水淀粉、植物油各适量

-制 作——

1 水发木耳去蒂，切成丝A；冬笋洗净，切成丝；鲜香菇去蒂，洗净，剪成丝状B，加上料酒、精盐、淀粉拌匀。

2 锅置火上，加入清水烧沸，放入香菇丝焯烫一下，捞出沥水C。

3 碗中加入酱油、白糖、料酒、陈醋、少许清水调匀成味汁D。

4 锅置火上，加油烧热，下入葱丝、姜丝炒香，再加入豆瓣酱炒出红油。

5 放入冬笋、青椒、红椒、木耳炒匀，烹入味汁，用水淀粉勾芡，放入韭黄段、香菇丝炒匀E，出锅装盘即可。

操作难度
★★★☆☆

TIME / 25分钟

素鱼香肉丝

口味：鱼香味

-原 料——

干黄花菜100克 / 香菇、玉兰片各50克 / 鸡蛋1个 / 精盐、味精各1/2小匙 / 水淀粉1小匙 / 淀粉150克 / 清汤500克 / 植物油适量

-制 作——

1 黄花菜泡软，择去根茎，洗净，对剖成两半，再挑成细丝A，加入鸡蛋拌匀；净香菇、玉兰片洗净，切成细丝，用沸水焯烫一下，捞出沥干，装入盘中。

2 锅中加上植物油烧热，下入黄花菜炸至金黄色B，捞出沥油，放在玉兰片、香菇上。

3 锅内加入清汤烧沸，加入精盐、味精调好口味，用水淀粉勾芡，出锅浇在黄花菜上，即可上桌食用。

操作难度
★★★☆☆

黄花烩双冬

TIME / 25分钟

口味：鲜咸味

芥菜咸蛋汤

▶ ━━━━━━○━━━━━━ TIME / 10分钟 ◁▮▮▮ 　　　　口味：鲜咸味 ↖

—原 料—

芥菜250克 / 熟咸鸭蛋2个 / 姜片5克 / 精盐1/2小匙 / 味精少许 / 水淀粉1大匙 / 植物油2大匙

—制 作—

① 芥菜择洗干净, 切成小段; 熟咸鸭蛋去壳, 取出鸭蛋黄, 放在案板上, 用刀压碎Ⓐ; 咸鸭蛋白切成小块, 放入凉水中浸泡。

② 锅置火上, 加入植物油烧热, 下入姜片炒香, 加入适量清水, 放入芥菜段、咸蛋黄煮沸Ⓑ。

③ 放入咸蛋白块调匀, 加入精盐、味精调好口味, 用水淀粉勾薄芡, 出锅盛入汤碗中即成。

操作难度
★★☆☆☆

-原 料---

皮蛋4个/大葱段100克/水发木耳块、青椒条、红椒条各30克/鸡蛋1个/面粉4小匙/胡椒粉1/2小匙/白糖、蚝油、酱油各1小匙/料酒3小匙/水淀粉2大匙/植物油适量

-制 作---

① 皮蛋洗净,放入锅中蒸熟,取出、晾凉,剥去外皮,切成小块;鸡蛋加入面粉调匀成面糊Ⓐ,放入皮蛋块裹匀,下入油锅内炸至金黄色Ⓑ,捞出沥油。

② 锅中留底油烧热,下入大葱段炒香,加入料酒、蚝油、酱油、少许清水、白糖、胡椒粉、木耳炒2分钟。

③ 下入青椒条、红椒条炒匀,用水淀粉勾芡Ⓒ,放入炸好的皮蛋块翻炒均匀,出锅装盘即可。

操作难度
★★★☆☆

葱烧皮蛋木耳

▶ ——————●————————— TIME / 25分钟 ◁▮▮▯▯   口味:鲜咸味 ↖

-原 料——

带皮猪五花肉500克／葱段10克／姜片5克／花椒、八角各少许／精盐、味精各1/2小匙／料酒、酱油各2大匙／白糖、冰糖各1小匙／水淀粉、糖色、植物油各适量

-制 作——

① 带皮猪五花肉刮洗干净Ⓐ，放入沸水锅中煮至八分熟Ⓑ，捞出、冲净，在皮面抹上糖色，下入七成热油中炸至金黄色，捞出沥油，切成大片。

② 肉片肉皮朝下码入盘中，加入调料，上屉蒸45分钟至熟，取出去掉杂质，翻扣在大盘内。

③ 把蒸肉原汤滗入锅中煮沸，加入味精调匀，用水淀粉勾芡，浇在肉片上即可。

操作难度
★★★☆☆

烧蒸扣肉

▶   TIME / 75分钟 ◀▮▮▮   口味：鲜咸味

双冬烧排骨

TIME / 75分钟 ◀▮▮▮

口味: 鲜咸味

-原 料——

排骨块500克/冬笋100克/冬菇25克/大枣
15克/小红尖椒少许/葱段、蒜末、姜片、
精盐、白糖、味精、啤酒、植物油各适量

-制 作——

① 冬笋洗净, 切成小块Ⓐ; 冬菇用温水浸泡至发涨, 换清水洗净, 去蒂, 切成小块Ⓑ。

② 净锅置火上, 加入植物油烧至六成热, 下入排骨块和冬笋块炸至金黄色Ⓒ, 捞出沥油。

③ 锅内留底油烧热, 加入白糖煸炒至色泽红亮, 放入葱段、蒜末、姜片、冬笋块、冬菇块和排骨块炒上颜色。

④ 倒入泡冬菇的清水, 再放入啤酒、大枣, 用旺火烧沸, 盖上锅盖Ⓓ。

⑤ 中火烧30分钟, 加入精盐、味精、小红尖椒调匀Ⓔ, 转旺火烧20分钟至排骨熟烂入味, 出锅装盘即可。

操作难度
★★★☆☆

川香回锅肉

▶ ━━━━━━○━━━━━━ TIME / 15分钟 ◁▮▮▮▮　　　口味：香辣味 ↖

-原 料-

熟猪五花肉片250克 / 红干椒、水发木耳、油菜心各适量 / 葱片适量 / 精盐、味精各1/2小匙 /
白糖、辣椒酱、白醋各1/2大匙 / 料酒、酱油各1大匙 / 植物油750克 (约耗50克)

-制 作-

1 熟猪五花肉切成大片❹，放入油锅中滑透❷，捞
出、沥油；油菜心洗净，切成段；水发木耳洗净。

2 净锅置火上，加入植物油烧至六成热，下入葱片和
辣椒酱炒香，烹入料酒，加入精盐、酱油、味精、白
糖、白醋和少许清水煮沸。

3 放入熟猪五花肉片、红干椒、水发木耳、油菜心炒至
入味，出锅装盘即可。

操作难度
★★☆☆☆

-原 料——

猪蹄1000克／腊八蒜150克／葱段、姜块各25克／八角3个／精盐少许／陈醋适量／白糖、胡椒粉各1小匙／酱油2大匙／料酒1大匙／植物油2大匙

-制 作——

1 猪蹄去掉绒毛，用清水洗净，剁成块，放入沸水锅内焯烫一下，捞出Ⓐ，放入锅内，加入葱段、姜块、八角及适量清水，用小火炖1小时至熟Ⓑ，捞出。

2 锅内加油烧热，放入猪蹄、料酒、酱油炒至上色Ⓒ，加入陈醋、白糖、胡椒粉、精盐，滗入炖猪蹄的汤汁。

3 烧沸后改用小火焖20分钟，改用旺火收浓汤汁，放入腊八蒜调匀，出锅倒入砂煲内，上桌即成。

操作难度 ★★★☆☆

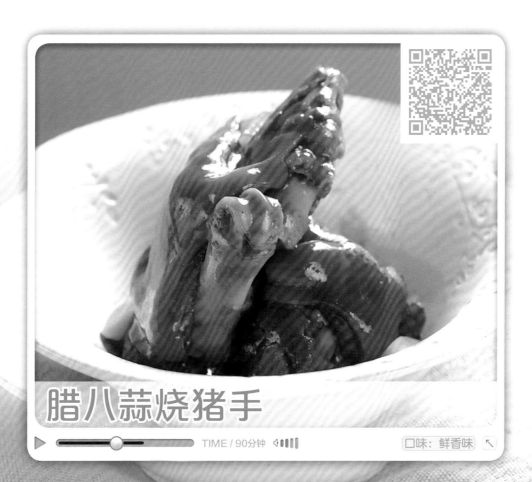

腊八蒜烧猪手

TIME / 90分钟　　　　口味：鲜香味

家常酱汁肘

▶ ━━━━━━━●━━━━━━━ TIME / 120分钟 ◀▮▮▮   口味：酱香味 ↖

- 原 料 ━━━

猪肘750克／精盐4小匙／味精1小匙／冰糖50克／酱油2大匙／料酒3大匙／料包1个（葱段20克、姜块10克、丁香、八角、小茴香、桂皮、草果、甘草、花椒各少许）

- 制 作 ━━━

1 猪肘用清水浸泡10分钟，刮洗干净 **A**，放入锅中煮至三分熟 **B**，取出猪肘，剔除骨头，在肉面剖上棋盘花刀（深至肘皮，但不能切透）。

2 砂锅内加入清水，放入料包，加上猪肘、精盐、冰糖、酱油、料酒和味精调匀。

3 砂锅置旺火上煮沸，盖上砂锅盖，改用小火酱至猪肘熟烂，出锅装盘即可。

操作难度
★★★☆☆

手抓酱骨头

▶ ━━━━━━━━━━━○━━━━━━━━ TIME / 90分钟 ◁◀▮▮▮   口味：酱香味 ↖

-原 料━━

猪后腿骨1500克／姜段、葱块各10克／八角、桂皮、香叶、草果各少许／精盐1小匙／酱油2小匙／味精1大匙／老汤400克／冰糖20克／红曲米5克／排骨酱2大匙

-制 作━━

1 猪后腿骨从中间砍成两段**A**，用清水漂洗干净，放入沸水锅内汆烫5分钟**B**，捞出沥水。

2 净锅置火上，加入清水、老汤、姜段、葱块、八角、桂皮、香叶、草果、精盐、酱油、味精、冰糖、红曲米和排骨酱熬煮30分钟成酱汁。

3 将猪腿骨放入酱汁锅内，煮沸后改用小火酱至腿骨熟香，离火晾凉，装盘上桌即可。

操作难度
★★☆☆☆

A

B

-原 料

净猪口条1个／净杏鲍菇200克／葱段、姜片
各10克／桂皮、陈皮、八角、味精各少许／
精盐、胡椒粉各1小匙／酱油1大匙／白糖2
小匙／料酒2大匙／植物油适量

-制 作

1 净锅置火上，加入植物油烧热，放入
葱段、姜片炝锅出香味Ⓐ。

2 加入八角、陈皮、桂皮、酱油、料酒、
胡椒粉、白糖和清水煮沸Ⓑ。

3 出锅倒入高压锅内，加入杏鲍菇、猪
口条后压10分钟Ⓒ，离火，捞出猪口
条和杏鲍菇，晾凉，均切成大片Ⓓ。

4 净锅复置火上，加入少许植物油和
葱段煸炒出香味，整齐地放入杏鲍
菇和猪口条片Ⓔ。

5 加入精盐、炖口条的原汤、胡椒粉、
酱油、白糖和味精调匀，再焖几分
钟，用水淀粉勾芡，出锅装盘即可。

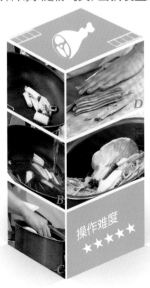

操作难度
★★★★

▶ ━━━━━○━━━━━ TIME / 150分钟 ◀)))

杏鲍菇扒口条

口味：鲜咸味

-原 料———

猪排骨500克／熟芝麻25克／葱花、姜末各10克／精盐1/2小匙／味精1小匙／白糖、料酒各2大匙／香料包1个(八角1粒／桂皮5克／花椒、小茴香各2克)／鲜汤、植物油各适量

-制 作———

操作难度
★★★☆☆

1 猪排骨洗净，剁成小段Ⓐ，加入精盐、味精、料酒、葱花、姜末拌匀，腌渍1小时，再下入七成热油锅中炸至金红色Ⓑ，捞出沥油。

2 净锅置火上烧热，加入鲜汤、香料包、精盐、料酒、白糖和排骨块煮沸。

3 转小火煮约40分钟，取出香料包，加入味精，改用旺火收浓汤汁，撒上熟芝麻即可。

香辣小排骨

▶ ━━━━━●━━━━━ TIME / 90分钟 ◀▮▮▮▮   口味：香辣味

脆皮肠头

▶ ⚪━━━━━━━ TIME / 75分钟 🔊▮▮▮▮ | 口味: 鲜咸味 ↖

-原 料━━

猪大肠头300克 / 黄瓜100克 / 干辣椒粉15克 / 孜然粉5克 / 精盐、味精各少许 / 花椒粉1/2大匙 /
卤水、植物油各适量

-制 作━━

1 黄瓜洗净,切成细丝🅐,放在盘内垫底;猪大肠头
洗净,放入沸水锅内焯烫一下,捞出沥水,再放入卤
水锅中,用小火卤至熟,捞出、晾凉。

2 锅中加上植物油烧至六成热,下入大肠头炸至棕红
色、肠皮酥脆时,捞出切条🅑,摆放在黄瓜丝上。

3 精盐、味精、花椒粉拌匀装碟;另一碟放入精盐、味
精、辣椒粉、孜然粉拌匀,一起上桌即可。

操作难度
★★☆☆☆

-原 料——

肥牛片400克／洋葱圈150克／葱段25克／姜丝15克／小葱花5克／精盐、白糖各1小匙／味精少许／酱油、甜面酱、烤肉酱、香油各1大匙／植物油2大匙

-制 作——

① 肥牛片放在容器内，加上酱油、精盐、白糖、味精、香油、姜丝、葱段和植物油拌匀Ⓐ，腌渍入味。

② 净锅置旺火上，放入少许植物油烧热，把腌好的肥牛片先加上甜面酱、烤肉酱拌匀，再下入锅内，用筷子轻轻拨散，待肥牛片变色后Ⓑ，关火。

③ 锅置火上烧热，放入洋葱圈炒至变软Ⓒ，淋入香油，放入肥牛片稍炒，离火出锅，撒上小葱花即可。

操作难度
★★☆☆☆

京味洋葱烤肉

TIME / 25分钟

口味：鲜咸味

160

-原料——

净肥肠500克／鸭血200克／姜末、葱花、姜片、干辣椒段、蒜末各10克／花椒8粒／大葱3段／
精盐2小匙／味精1大匙／胡椒粉5小匙／红油豆瓣酱4小匙／香油1小匙／植物油3大匙

-制作——

操作难度
★★★☆☆

1 净肥肠放入清水锅中，加上葱段、姜片、花椒烧沸Ⓐ，
转中火煮至熟烂，捞出沥水，切成条Ⓑ；鸭血切成长
方片，入锅焯水，捞出；红油豆瓣酱剁细。

2 锅中加入植物油烧热，下入干辣椒段、葱花、姜末、
蒜末、红油豆瓣酱炒香，放入肥肠条煸炒Ⓒ。

3 加入清水、鸭血片、精盐、胡椒粉烧沸，倒入砂锅
中，小火炖至入味，加入味精，淋入香油即可。

血旺肥肠煲

TIME／90分钟 口味：香辣味

粉蒸牛肉 DVD

TIME / 60分钟

口味：鲜咸味

-原 料—

牛腩肉500克／干米饭粒300克／青蒜段25克／葱段、姜片各15克／陈皮、桂皮、八角、花椒各5克／味精少许／白糖1小匙／酱油3大匙／料酒适量／蚝油、黄酱、豆瓣酱各2小匙／香油4小匙／植物油1大匙

-制 作—

① 牛腩肉洗净，切成小块Ⓐ，放入清水锅内略焯Ⓑ，捞出。

② 取压力锅内锅，加入桂皮、葱段、姜片、八角、陈皮、酱油、蚝油、黄酱、豆瓣酱、味精、白糖、料酒及清水。

③ 放入焯好的牛腩块，上锅压制约10分钟至七分熟，出锅装碗Ⓒ。

④ 干米饭粒放入锅中略炒，放入陈皮、桂皮、花椒、八角炒至焦黄，出锅、晾凉，放入粉碎机中打成米粉Ⓓ。

⑤ 米粉倒入牛肉碗中，加入香油，入锅蒸30分钟，出锅装盘，撒上青蒜段即成。

操作难度 ★★★★

腊味合蒸

TIME / 40分钟 ◀▮▮▮

口味：鲜咸味

- 原 料 —

腊肠250克／腊肉200克／红辣椒25克／大葱25克／姜块15克／精盐少许／料酒1大匙／香油2大匙

- 制 作 —

1 大葱、姜块、红辣椒分别洗净，均切成丝；腊肠、腊肉刷洗干净，沥净水分，切成薄厚均匀的大片Ⓐ，码放入盘中Ⓑ。

2 加入料酒、精盐和少许香油，放入蒸锅中蒸至熟嫩，取出，撒上葱丝、姜丝和红辣椒丝。

3 净锅置火上，加入香油烧至八成热，出锅浇淋在腊肠片、腊肉片上即成。

操作难度

★★☆☆☆

-原 料—

鲜金针菇300克／嫩羊肉片200克／红椒、葱末、姜末、蒜末各10克／精盐2小匙／味精1小匙／
白糖1大匙／酱油2大匙／蚝油4小匙／啤酒100克／番茄酱少许／花椒油、植物油各适量

-制 作—

操作难度
★★☆☆☆

1 金针菇去根，洗净，分成小朵；红椒去蒂及籽，洗净，切成细末。

2 锅内加油烧热，下入蒜末、姜末炒香，放入蚝油、番茄酱、酱油、啤酒、精盐、味精、白糖、清水煮沸Ⓐ。

3 放入羊肉片煮至肉片变色Ⓑ，捞出沥净，装入碗中；锅中汤汁烧沸，放入金针菇烫熟，倒入羊肉碗中，撒上红椒、葱末，淋入热花椒油Ⓒ，即可上桌食用。

金针菇小肥羊 DVD

▶ ⬤ ─────── TIME / 15分钟 ◀▮▮▮▮ 口味：鲜辣味 ↖

肚片烧双脆

▶ ━━━━━━●━━━━━━ TIME / 25分钟 ◀❚❚❚❚   口味：鲜咸味 ↖

-原 料━━

熟白肚、冬笋各120克 / 扁豆80克 / 精盐、味精、料酒各1小匙 / 白糖1/2小匙 / 香油1大匙 / 植物油2大匙 / 老汤250克

-制 作━━

① 熟白肚、冬笋均切成一字条Ⓐ；扁豆去筋，洗净，切成段，放入沸水锅中焯透Ⓑ，捞出、过凉、沥水。

② 锅置旺火上，加入植物油烧热，放入肚条、笋条炸至淡红色，捞出；放入扁豆冲炸一下，出锅。

③ 锅中留底油烧热，放入冬笋条、肚条、扁豆，烹入料酒，加入精盐、白糖、味精、高汤煮沸，转小火烧5分钟，淋入香油，出锅装盘即成。

操作难度
★★★☆☆

牛肉萝卜汤

TIME / 25分钟

口味: 鲜咸味

-原 料——

牛肉300克 / 小萝卜菜80克 / 番茄1个 / 精盐1小匙 / 味精1/2小匙 / 料酒2大匙 / 胡椒粉少许 / 牛骨汤适量

-制 作——

1 将牛肉洗净, 沥去水分, 放入冰箱中速冻后取出, 刨成薄片; 小萝卜菜洗净, 从中间切开Ⓐ; 番茄去蒂, 洗净, 切成小块。

2 净锅置火上, 加入牛骨汤、料酒煮沸, 再放入萝卜菜、番茄块煮5分钟Ⓑ。

3 加入精盐煮片刻, 放入牛肉片续煮约5分钟, 加入味精、胡椒粉调好口味, 出锅装碗即可。

操作难度
★★☆☆☆

-原 料——

带皮猪五花肉750克/葱段10克/姜片5克/花椒10克/八角2个/精盐2小匙/白糖、冰糖各1小匙/味精1/2小匙/酱油、料酒各2大匙/水淀粉、糖色、植物油各适量

-制 作——

① 带皮猪五花肉的皮面刮洗干净Ⓐ，放入沸水锅中煮至八分熟Ⓑ，捞出、冲净，皮面抹上糖色Ⓒ。

② 五花肉放入烧至六成热的油锅内炸至金黄色Ⓓ，捞出沥油，切成6毫米厚的大片Ⓔ，皮面朝下码入碗中。

③ 加入花椒（研碎）、料酒、酱油、精盐、白糖、冰糖、葱段、姜片、八角，添入适量清水。

④ 把五花肉放入蒸锅内，用旺火蒸45分钟至熟，滗出余汤，扣在盘内。

⑤ 原汤倒入锅中煮沸，加入味精调匀，用水淀粉勾芡，浇在肉片上即可。

操作难度
★★★☆☆

TIME / 25分钟

花椒蒸肉

口味：鱼香味

-原 料-

牛鞭(水发)1000克／鸡腿块500克／火腿片50克／枸杞子15克／菜心10棵／水发冬菇适量／葱
段、姜块、精盐、味精、胡椒粉、料酒、熟猪油各适量／牛肉清汤2000克

-制 作-

1　牛鞭顺长剖开, 洗净, 剞上一字花刀Ⓐ, 切成小段, 与鸡腿块一起放入沸水锅中焯煮5分钟Ⓑ, 捞出。

2　锅置火上, 加入熟猪油烧热, 下入葱段、姜块炝锅, 放入牛鞭、火腿片、牛肉清汤、鸡腿块烧沸, 倒入砂锅中Ⓒ, 小火炖2小时至熟烂。

3　取出鸡块、葱段、姜块, 放入菜心、冬菇和枸杞子烧沸, 加入精盐、味精、胡椒粉、料酒调好口味, 出锅即可。

操作难度
★★★★☆

杞子炖牛鞭

▶ ━━━━━◯━━━━━　TIME / 150分钟 ◀▮▮▮▮　　　口味: 鲜咸味 ↖

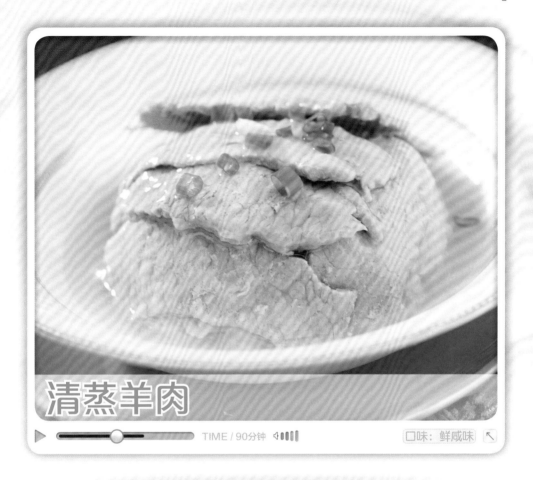

清蒸羊肉

TIME / 90分钟 口味：鲜咸味

-原 料——

羊肉1000克 / 葱段、姜片各15克 / 八角、花椒各少许 / 精盐1小匙 / 味精1/2小匙 / 鸡汤500克 /
香油2小匙

-制 作——

① 羊肉洗净，切成块Ⓐ，放入清水锅中，加入葱段、姜片、八角、花椒煮至透Ⓑ，捞出、晾凉。

② 把煮熟羊肉去筋皮，切成大片Ⓒ，码成梯形，垫入碗底，加入葱段、姜片、鸡汤，入笼蒸约15分钟。

③ 取出蒸好的羊肉，拣去葱段、姜片不用；把汤汁过滤，上火烧热，加入精盐、味精调味，淋入香油，浇淋在羊肉碗中即成。

操作难度
★★★☆☆

-原 料——

净鸭子1只／水发香菇少许／葱段、姜块、花椒、八角各少许／精盐、白糖各1小匙／胡椒粉1/2
小匙／老抽3大匙／啤酒200克／水淀粉、植物油各适量

-制 作——

① 鸭子洗净，剁成大块，涂抹上老抽上色Ⓐ，放入烧热
油锅内炸上颜色，再放入沸水锅中略煮Ⓑ，捞出。

② 锅中加油烧热，下入姜块、花椒、八角、葱段煸炒，加
入啤酒、香菇、精盐、白糖、胡椒粉、老抽煮沸。

③ 将鸭块放入高压锅中，倒入煮好的汤汁Ⓒ，置火上
压25分钟至熟烂，取出鸭块装盘；把汤汁滗入锅中
烧沸，用水淀粉勾芡，浇在鸭块上即可。

操作难度
★★★☆☆

葱姜扒鸭

▶ ────●───────── TIME / 90分钟 ◀▮▮▮▮   口味：鲜咸味 ↖

-原 料——

新鲜鹅肝2个/白萝卜1个/葡萄10粒/精盐、白糖、黑胡椒粒各少许/牛肉汁、面粉、红酒、植物油各适量

-制 作——

① 葡萄切成两半Ⓐ；白萝卜去皮、洗净，切成两段；鹅肝洗净，切成大片Ⓑ，撒上少许精盐和黑胡椒粒。

② 锅中加入植物油烧热，将鹅肝片两面粘匀面粉，入锅煎至熟嫩Ⓒ，取出，放在白萝卜段上。

③ 锅中加入植物油烧热，放入葡萄粒略炒，加入牛肉汁、白糖烧沸，转小火烧至汤汁浓稠，淋入红酒，浇在煎好的鹅肝片上即可。

操作难度
★★☆☆☆

A

B

红酒煎鹅肝

▶ ━━━━◯━━━━━ TIME / 15分钟 ◁▮▮▯▯   口味：酒香味 ↖

一看就会
大众菜

梅干菜烧鸭腿

▶ ⬤━━━━━━━━━━━━ TIME / 45分钟 ◁▮▮▮▮

-原　料——

净鸭腿2个/梅干菜100克/葱段、姜片各15克/八角、干辣椒各少许/啤酒1瓶/精盐、白糖、酱油、水淀粉、植物油各适量

-制　作——

① 梅干菜用清水泡发，洗净；净锅置火上，加入植物油烧至六成热，下入葱段和姜片爆香A。

② 将鸭腿皮朝下放入锅中稍煎B，取出；放入梅干菜煸炒，加入白糖、干辣椒、八角、酱油、啤酒。

③ 鸭腿皮朝下放入锅中C，加入精盐烧沸D，倒入高压力锅中炖15分钟。

④ 把鸭腿等倒入炒锅中，置旺火上收浓汤汁，取出鸭腿晾凉；捞出梅干菜，放入盘中垫底。

⑤ 将鸭腿剁成条块E，码放入梅干菜盘中；锅中汤汁用水淀粉勾芡，出锅浇在鸭腿上即可。

操作难度
★★★★

口味：鲜咸味

咸蛋黄炒大虾

▶ ━━━━━━━━○━━━━━━━━ TIME / 20分钟 ◀▮▮▮▮ 　　口味：鲜咸味 ↖

-原 料-

大虾10只/咸鸭蛋黄3个/精盐、味精各1/2小匙/料酒1小匙/淀粉100克/植物油750克(约耗50克)

-制 作-

1 将大虾去壳、沙线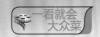，洗净，加入少许精盐、味精、料酒拌匀，腌渍2分钟，拍上淀粉，下入七成热油中炸至金黄色，捞出沥油。

2 将咸蛋黄放入小碗中，放入蒸锅内蒸至熟，取出、晾凉，捣成蓉状**B**。

3 锅中加植物油烧热，下入咸蛋黄蓉，用小火炒至泡沫状，放入大虾翻炒均匀，出锅装盘即可。

操作难度
★★☆☆☆

-原 料-

草鱼1条 / 黄豆芽300克 / 鸡蛋1个 / 白芝麻25克 / 灯笼椒、葱段、姜片、蒜瓣各25克 / 香辛料少许（八角、桂皮、花椒、辣椒）/ 精盐、淀粉、料酒、胡椒粉、植物油各适量

-制 作-

① 草鱼取带皮鱼肉，片成片Ⓐ，加入鸡蛋、胡椒粉、精盐、料酒、淀粉拌匀Ⓑ；香辛料放清水锅内煮干Ⓒ，加入植物油、葱段、姜片和蒜瓣炸20分钟成香辣油。

② 黄豆芽放入热锅内炒至七分熟，出锅装盘；锅内加上清水和精盐煮沸，倒入鱼肉片烫至变色Ⓓ，捞出鱼肉片，沥干水分，放在黄豆芽上。

③ 把香辣油放入烧热的净锅内，加入灯笼椒和花椒炸香，撒上白芝麻，出锅浇到鱼片上即可。

家常水煮鱼

TIME / 25分钟

口味：鲜辣味

香辣牛蛙

▶ ━━━━━━━━━●━━━━━━━━━ TIME / 25分钟 ◀))))　　　口味：香辣味 ↖

-原 料—

牛蛙350克 / 生菜150克 / 葱段、姜片、蒜瓣各10克 / 干辣椒、辣椒粉各少许 / 精盐、鸡精、料酒、酱油、植物油各适量

-制 作—

① 将牛蛙剥皮，洗净，剁成大块Ⓐ，加入辣椒粉拌匀，再放入热油锅中炸至变色Ⓑ，捞出沥油。

② 锅内留底油，复置火上烧至六成热，下入葱段、姜片、蒜瓣、干辣椒、少许辣椒粉炒出香辣味，再加入适量清水煮沸。

③ 放入牛蛙块，加入料酒、精盐、酱油煮至熟嫩，放入生菜叶，加入鸡精调匀，出锅装碗即可。

操作难度
★★☆☆☆

风味海参汤

▶ ⬤━━━━━━━━━━━━━ TIME / 25分钟 ◀▮▮▮▮

口味：酸辣味 ↖

-原 料—

水发海参150克 / 鸡胸肉75克 / 鸡蛋皮1张 / 水发海米、香菜段各10克 / 葱丝15克 / 精盐1小匙 /
味精、胡椒粉各少许 / 清汤、酱油、料酒、香油各适量

-制 作—

① 水发海参洗净，片成抹刀薄片Ⓐ；鸡蛋皮切成象眼
片；鸡胸肉去筋膜，洗净，切成片Ⓑ。

② 锅中加入清汤烧沸，放入海参、鸡肉片煮熟Ⓒ，捞
出，放入汤碗中，撒上葱丝、香菜段和蛋皮片。

③ 锅中加入清汤、料酒、精盐、味精、酱油、水发海米
烧沸，撒上胡椒粉，淋入香油，出锅倒入盛有海参
片、鸡肉片的汤碗内即成。

操作难度
★★★★★

-原 料——

胖头鱼头1个/带皮五花猪肉50克/年糕条适量/葱段、姜片、蒜片、干辣椒、花椒、香叶、桂皮、八角各适量/白糖、米醋各2小匙/料酒3大匙/胡椒粉1小匙/酱油2大匙/香油1小匙/植物油2大匙

-制 作——

① 带皮五花猪肉洗净血污,擦净水分,切成片A;胖头鱼去掉鱼鳃和杂质,用清水洗净,取出、擦净水分。

② 锅置火上,加入植物油烧至六成热,放入葱段、姜片、蒜片煸出香味B。

③ 放入桂皮、香叶、八角、干辣椒、花椒和肉片翻炒均匀C。

④ 加入胖头鱼头、料酒、酱油和适量清水,用旺火烧煮至沸D。

⑤ 放入胡椒粉、白糖和米醋,继续炖30分钟E,放入年糕条,用中火煮5分钟,淋入香油,出锅上桌即可。

操作难度
★★★☆☆

TIME / 60分钟

家炖年糕鱼头

口味：鲜咸味

-原 料——

白鳝鱼1条（约600克）/蒜蓉5克/姜末、辣椒末、葱花、陈皮末、精盐、味精、胡椒粉、白糖、淀粉、酱油、香油各适量/豆豉汁1大匙/植物油2大匙

-制 作——

① 白鳝鱼洗涤整理干净，放入沸水中焯烫一下，捞出、冲净，在鳝背上每隔2厘米切一刀Ⓐ。

② 白鳝鱼加入蒜蓉、姜末、辣椒末、陈皮末、豆豉汁、精盐、味精、白糖、香油、酱油、淀粉拌匀。

③ 将白鳝鱼放入盘中盘成蛇形Ⓑ，倒入腌汁，淋入少许植物油，放入蒸锅中，用旺火蒸约8分钟至熟，取出，撒上胡椒粉、葱花，浇上热植物油即可。

操作难度 ★★★☆☆

豉汁蒸盘龙鳝

TIME / 25分钟　　口味：鲜辣味

酸辣鳝鱼汤

▶ ━━━━━●━━━━━━ TIME / 25分钟 ◁■■■

口味：酸辣味

-原 料——

鳝鱼1条 / 熟火腿、熟鸡胸肉、冬笋各50克 / 香菜末15克 / 精盐2小匙 / 味精、胡椒粉、酱油各少许 / 陈醋4小匙 / 料酒、植物油各5小匙 / 鲜汤适量

-制 作——

1 鳝鱼宰杀，洗净，切成6厘米长的丝 **A**；熟火腿、冬笋、熟鸡胸肉均切成细丝。

2 净锅置火上烧热，加入鲜汤、料酒、鳝鱼丝、熟火腿丝、冬笋丝、熟鸡肉丝煮沸 **B**。

3 撇去浮沫和杂质，加入精盐、植物油、胡椒粉、酱油、味精、陈醋搅匀，旺火煮5分钟，出锅盛入汤盆中，撒上香菜末即成。

操作难度
★★★☆☆

-原料

草虾500克 / 干辣椒15克 / 葱末、姜片各10克 / 味精、香叶、八角、桂皮、丁香各少许 / 小茴香、孜然各1/2小匙 / 花椒2大匙 / 精盐、白糖各2小匙 / 胡椒粉1小匙 / 料酒4小匙 / 植物油3大匙

-制作

① 草虾洗净，去掉虾须、虾线；干辣椒用清水浸泡；锅置火上烧热，放入花椒，泡好的干辣椒略炒Ⓐ。

② 加入少许植物油、小茴香、孜然、香叶、八角、桂皮、丁香及适量清水煮约40分钟Ⓑ。

③ 加入精盐、白糖、胡椒粉、料酒、味精、葱末、姜片，放入草虾煮沸至虾熟Ⓒ，关火后浸泡30分钟，即可出锅装盘。

操作难度
★★★☆☆

麻辣虾

TIME / 75分钟　口味：麻辣味

- 原 料 ——

净羊肉500克 / 甲鱼1只 / 枸杞子25克 / 制附片、党参各10克 / 当归6克 / 葱段、姜片各25克 / 精盐、味精各1大匙 / 胡椒粉1小匙 / 冰糖、料酒各2大匙 / 植物油3大匙

- 制 作 ——

操作难度
★★★☆☆

① 甲鱼用沸水烫一下Ⓐ, 刮去黑膜, 剁去脚爪Ⓑ, 洗净, 剁成块; 羊肉放入冷水锅内焯烫一下, 捞出、切块。

② 净锅置火上, 加入植物油烧热, 下入甲鱼块、羊肉块块煸炒5分钟, 烹入料酒煸干水分。

③ 放入冰糖、党参、制附片、当归、葱段、姜片、精盐和清水烧沸, 转小火炖至熟香, 放入枸杞子炖10分钟, 加入味精、胡椒粉调匀, 出锅装碗即成。

甲鱼焖羊肉

▶ ━━━━━━━━━━━━ TIME / 120分钟 ◀▮▮▮▮ 口味: 鲜咸味 ↖

☆ 蔬菜菌藻 ☆

分类原则 ▼

　　蔬菜是可供佐餐的草本植物的总称，此外还有少数木本植物的嫩芽、嫩茎和嫩叶（如竹笋、香椿、枸杞的嫩茎叶等）、部分低等植物（如真菌、藻类等）也可作为蔬菜食用。蔬菜的种类繁多，而且在同一种类中有许多变种，每一变种又有许多栽培品种。我国有良好的蔬菜栽培自然条件和生产技术，是盛产蔬菜的国家，不仅品种多，产量大，而且质量优良。

适宜菜肴 ▼

☆ 强体畜肉 ☆

分类原则 ▼

　　畜类指人类为了经济或其他目的而驯养的哺乳动物。畜类的种类很多，但作为肉用畜类，我国主要有猪、牛和羊三种，此外还有兔、马、驴、骡、狗、骆驼等，但应用不广泛。畜类在人们的饮食中占有很重要的地位，含有人体必需的营养物质，对人体生长发育、细胞组织的再生和修复、增强体质等有重要作用。

适宜菜肴 ▼

☆ 禽蛋豆制品 ☆

分类原则 ▼

　　禽蛋是指人类为了经济、饮食或其他目的而驯养的家禽（如鸡、鸭、鹅）和一些未被列入国家保护动物目录的野生鸟类（如珍珠鸡、野鸭）的肉、蛋及其制品。豆制品是以大豆或其他杂豆为主要原料加工制成的，其主要包括豆腐、豆腐干、豆腐皮、腐竹、茶干等。豆制品营养丰富，而且价格低廉，食用方法多种多样，深受人们的喜爱。

适宜菜肴 ▼

☆ 美味水产 ☆

分类原则 ▼

　　水产品是生活于海洋和内陆水域野生和人工养殖的有一定经济价值的生物种类的统称，分类上主要包括鱼类、软体动物、甲壳动物、藻类等。人们经常食用的水产品主要是鱼类、虾类、蟹类、贝类和藻类。一般水产品中含丰富的蛋白质，多种维生素和矿物质，特别是维生素E、维生素A及矿物质锌、铁、钾等，对人体的健康成长都有非常重要的意义。

适宜菜肴 ▼

☆ 少年 Adolescent ☆

分类原则 ▼

少年是儿童进入成年的过渡期，此阶段少年体格发育速度加快，身高、体重突发性增长是其重要特征。此外少年还要承担学习任务和适度体育锻炼，故充足营养是体格及性征迅速生长发育、增强体魄、获得知识的物质基础。少年的饮食要注意平衡，鼓励多吃谷类，以供给充足能量；保证鱼、禽、肉、蛋、奶、豆类和蔬菜供给，满足少年对蛋白质、钙、铁和维生素的需求。

适宜菜肴 ▼

☆ 女性 Female ☆

分类原则 ▼

女性有着与男性不同的营养需要。女性可能需要很少的热量和脂肪，少量的优质蛋白质，同量或多一些的其它微量元素等。很多女性由于工作节奏快或者学习压力大，常常无暇顾及饮食营养和健康，有时候常吃快餐或方便食品，因而造成营养不平衡，时间长了必然会影响身体健康。女性饮食包括适量的蛋白质和蔬菜，一些谷物和相当少量的水果和甜食。此外大量的矿物质尤为适应女性。

适宜菜肴 ▼

☆ 男性 Male ☆

分类原则 ▼

　　男性如果对自身营养关注不够，很容易发生因营养失衡而引起的一系列生活方式疾病。因此，关注男性营养，养成健康的饮食习惯，对于保护和促进其健康水平，保持旺盛的工作能力极为重要。男性在营养平衡的基础上，其基本膳食准则为节制饮食、规律饮食和加强运动。一般男性应该控制热能摄入，保持适宜蛋白质、脂肪、碳水化合物供能比，并增加膳食中钙、镁、锌摄入，以利于身体健康。

适宜菜肴 ▼

☆ 老年 Elderly ☆

分类原则 ▼

　　老年期对各种营养素有了特殊的需要，但营养平衡仍是老年人饮食营养的关键。老年营养平衡总的原则是应该热能不高；蛋白质质量高，数量充足；动物脂肪、糖类少；维生素和矿物质充足。所以据此可归纳为三低（低脂肪、低热能、低糖）、一高（高蛋白）、两充足（充足的维生素和矿物质），还要有适量的食物纤维素，这样才能维持机体的营养平衡。

适宜菜肴 ▼

让我们美味共享

对于初学者，需要多长时间才能真正学会家常菜，并且能够为家人、朋友制作成美味适口的家常菜，是他们最关心的问题。为此，我们特意为大家编写了《吉科食尚—7天学会家常菜》系列图书，只要您按照本套图书的时间安排，7天就可以轻松学会多款家常菜。

《吉科食尚—7天学会家常菜》系列图书针对烹饪初学者，首先用2天时间，为您分步介绍新手下厨需要了解和掌握的基础常识。随后的5天时间，我们遵循家常菜简单、实用、经典的原则，选取一些食材易于购买、操作方法简单、被大家熟知的菜肴，详细地加以介绍，使您能够在7天中制作出美味佳肴。

❀全国各大书店、网上商城火爆热销中❀

《新编家常菜大全》

《新编家常菜大全》是一本内容丰富、功能全面的烹饪书。本书选取了家庭中最为常见的100种食材，为读者介绍多款适宜家庭制作的菜肴。

《铁钢老师的家常菜》

重量级嘉宾林依轮、刘仪伟、董浩、杜沁怡、李然等倾情推荐。《天天饮食》《我家厨房》电视栏目主持人李铁钢大师首部家常菜图书。

《精选美味家常菜》   《秘制南北家常菜》

央视金牌栏目《天天饮食》原班人马,著名主持人侯军、蒋林珊、李然、王宁、杜沁怡等倾力打造《我家厨房》。扫描菜肴二维码,一菜一视频,学菜更为直观,国内真正第一套全视频、全分解图书。

（精装大开本,一菜一视频,学菜更直观,一学就会,超值回馈）

百余款美味滋补靓粥
给你家人般爱心滋养

《阿生滋补粥》是一本内容丰富、功能全面的靓粥大全。本书选取家庭中最为常见的食材,分为清淡素粥、浓香肉粥、美味海鲜粥、怡人杂粮粥、滋养药膳粥五个篇章,介绍了近200款操作简单、营养丰富、口味香浓的家常靓粥。

美食是一种享受生活的方式
烹调则是在享受其中的乐趣

本书选取家庭最为常见的18种烹饪技法,为您详细讲解相关的技巧和要领的同时,还精心挑选了多款营养均衡、适宜家庭制作的美味菜肴,图文并茂、简单明了,让您一看就懂,一学就会,快速掌握家常菜肴的制作原理和精髓,真正领略到烹饪的魅力。

图书在版编目（CIP）数据

一看就会大众菜 / 生活食尚编委会编. -- 长春：
吉林科学技术出版社，2014.8
ISBN 978-7-5384-8074-0

Ⅰ．①一… Ⅱ．①生… Ⅲ．①菜谱 Ⅳ.
①TS972.12

中国版本图书馆CIP数据核字(2014)第195117号

一看就会 大众菜

YIKANJIUHUI DAZHONGCAI

编　生活食尚编委会
出 版 人　李　梁
策划责任编辑　张恩来
执行责任编辑　赵　渤
封面设计　长春创意广告图文制作有限责任公司
制　　版　长春创意广告图文制作有限责任公司
开　　本　720mm×1000mm　1/16
字　　数　250千字
印　　张　12
印　　数　1-18 000册
版　　次　2014年9月第1版
印　　次　2014年9月第1次印刷
出　　版　吉林科学技术出版社
发　　行　吉林科学技术出版社
地　　址　长春市人民大街4646号
邮　　编　130021
发行部电话/传真　0431-85677817　85635177　85651759
　　　　　　　　　　85651628　85600611　85670016
储运部电话　0431-86059116
编辑部电话　0431-85635186
网　　址　www.jlstp.net
印　　刷　沈阳天择彩色广告印刷股份有限公司
书　　号　ISBN 978-7-5384-8074-0
定　　价　26.80元
如有印装质量问题可寄出版社调换
版权所有　翻印必究　举报电话：0431-85635186